サクッと 確 認 シート

理科1・2年のポイント

身のまわりの物質

- 密度〔g/cm³〕= $\dfrac{物質の質量〔g〕}{物質の体積〔cm³〕}$ 　　……類によって決まっている。

- **気体の性質** [水上＝水上置換法，下方＝〇〇換法，上方＝上方置換法]

	酸素	二酸化炭素	窒素	水素	アンモニア
色・におい	無色・無臭	無色・無臭	無色・無臭	無色・無臭	無色・刺激臭
水へのとけやすさ	とけにくい。	少しとける。	とけにくい。	とけにくい。	非常にとけやすい。
気体の集め方	水上	下方（水上）	水上	水上	上方
その他の性質	ものを燃やす。	水溶液は酸性。石灰水が白くにごる。	他の物質と結びつきにくい。	燃えて水ができる。	水溶液はアルカリ性。有毒。

- 質量パーセント濃度〔%〕= $\dfrac{溶質の質量〔g〕}{溶液の質量〔g〕} \times 100$

原子と分子

- **おもな分子の化学式**

	水素分子	酸素分子	水分子	アンモニア分子	二酸化炭素分子
原子モデルで表した分子	⒣⒣	⊙⊙	⒣Ｏ⒣	⒩⒣⒣⒣	Ｏ⊂Ｏ
化学式	H_2	O_2	H_2O	NH_3	CO_2

いろいろな生物とその共通点

- **被子植物の花と果実**

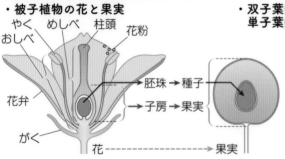

- **双子葉類
単子葉類**

	双子葉類	単子葉類
子 葉	2枚	1枚
葉 脈	網状脈（網目状の葉脈）	平行脈（平行な葉脈）
根	主根と側根	ひげ根

- **脊椎動物の分類**

	魚 類	両生類	は虫類	鳥 類	哺乳類
子の生まれ方	卵生	卵生	卵生	卵生	胎生
呼吸のしかた	えら	子はえらや皮膚親は肺や皮膚	肺	肺	肺
体 表	うろこ	湿った皮膚	うろこ	羽毛	毛

生物の体のつくりとはたらき

- **葉のつくり**

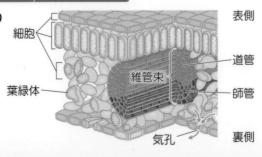

- **食物の消化と吸収**

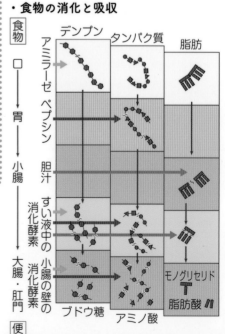

 JN125650

大地の成り立ちと変化

・火成岩のつくりと組織

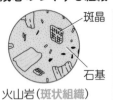

火山岩（斑状組織）

深成岩（等粒状組織）

・おもな火成岩と鉱物の割合

火山岩 （斑状組織）	玄武岩	安山岩	流紋岩
深成岩 （等粒状組織）	斑れい岩	せん緑岩	花こう岩
鉱物の割合 そのほかの鉱物		無色・白色の鉱物 （セキエイ，チョウ石）	

有色の鉱物（クロウンモ，カクセン石，キ石，カンラン石）

気象とその変化

・天気記号

○ 快晴   ① 晴れ

◎ くもり   ● 雨

⊗ 雪   ⊖ 雷

・天気図記号

各地の天気，風向・風力の記号での表し方（例）

風向 北北東
風力 3
天気 くもり

$$\text{湿度〔\%〕}=\frac{\text{空気1m}^3\text{中にふくまれる水蒸気量〔g/m}^3\text{〕}}{\text{その温度での飽和水蒸気量〔g/m}^3\text{〕}}\times100$$

・前線

	寒冷前線	温暖前線
記　号	▼▼▼	●●●
おもな雲	積乱雲	乱層雲
天気の特徴	にわか雨，雷，突風	おだやかな雨
雨の範囲	せまい。	広い。
通過前の天気	天気はよくあたたかい。	おだやかな雨，寒い。
通過後の天気	北よりの風。 気温は下がる。	南よりの風。 気温は上がる。

身のまわりの現象

・凸レンズと光の進路

㋐ 光軸（凸レンズの軸）に平行に凸レンズに入った光は，屈折後焦点を通る。

㋑ 凸レンズの中心を通った光は，そのまま直進する。

㋒ 焦点を通って凸レンズに入った光は，屈折後光軸に平行に進む。

電流とその利用

・オームの法則 $I=\dfrac{V}{R}$ $V=RI$

電気抵抗：R〔Ω〕，電圧：V〔V〕，電流：I〔A〕

・電流計のつなぎ方

電球に対して直列につなぐ

・電圧計のつなぎ方

電球に対して並列につなぐ

・電力〔W〕＝ 電圧〔V〕× 電流〔A〕

・電気用図記号

電源・電池	スイッチ	抵抗器
―｜｜―	／	―▭―
電球	電流計	電圧計
⊗	Ⓐ	Ⓥ

・電流がつくる磁界

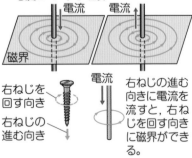

電流 電流
磁界
右ねじを回す向き
右ねじの進む向き

右ねじの進む向きに電流を流すと，右ねじを回す向きに磁界ができる。

・コイルを流れる電流がつくる磁界

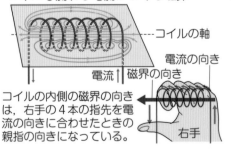

コイルの軸
電流の向き
磁界の向き
電流
右手

コイルの内側の磁界の向きは，右手の4本の指先を電流の向きに合わせたときの親指の向きになっている。

・電流が磁界から受ける力

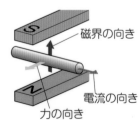

磁界の向き
電流の向き
力の向き

もくじ・学習の記録

ページ　| 学習の記録

入試までの勉強法

【合格へのステップ】

3月

- 1・2年の復習
- 苦手教科の克服

苦手を見つけて早めに克服していこう！　国・数・英の復習を中心にしよう。

7月

- 3年夏までの内容の復習
- 応用問題にチャレンジ

夏休み中は1・2年の復習に加えて，3年夏までの内容をおさらいしよう。社・理の復習も必須だ。得意教科は応用問題にもチャレンジしよう！

9月

- 過去問にチャレンジ
- 秋以降の学習の復習

いよいよ過去問に取り組もう！できなかった問題は解説を読み，できるまでやりこもう。

12月

- 基礎内容に抜けがないかチェック！
- 過去問にチャレンジ
- 秋以降の学習の復習

基礎内容を確実にすることは，入試本番で点数を落とさないために大事だよ。

本番！

【本書の使い方と特長】

はじめに

高校入試問題のおよそ7割は，中学1・2年の学習内容から出題されています。
そこから苦手なものを早いうちに把握して，計画的に勉強していくことが，
入試対策の重要なポイントになります。
本書は必ずおさえておくべき内容を1日4ページ・10日間で学習できます。

ステップ1

基本事項を粒子（物質）・生命・地球・エネルギーの分野・学年別に確認しよう。
自分の得意・不得意な内容を把握しよう。

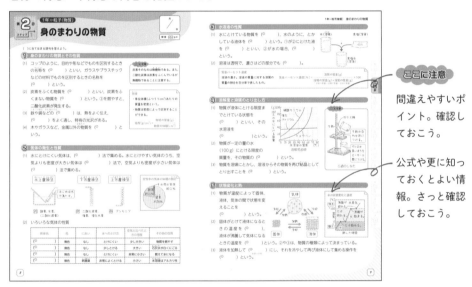

ここに注意

間違えやすいポイント。確認しておこう。

公式や更に知っておくとよい情報。さっと確認しておこう。

ステップ2

制限時間と配点がある演習問題で，ステップ1の内容が身についたか確認しよう。
UP の問題もできると更に得点アップ！

高校入試準備テスト

実際の公立高校の入試問題で力試しをしよう。
制限時間と配点を意識しよう。

わからない問題に時間をかけすぎずに，解答と解説を読んで理解して，もう一度復習しよう。

別冊解答

+α でさらに関連事項を確認しよう。
入試につながる で入試によく出る図や入試の傾向・対策，
得点アップのアドバイスを確認しよう。

無料動画については裏表紙をチェック

いろいろな生物とその共通点

( )に当てはまる語句を答えよう。

① 生物の観察

(1) 観察するものが動かせる場合，ルーペは
（① ）に近づけて持ち，観察するものを
（② ）に動かしてピントを合わせる。

(2) 双眼実体顕微鏡（そうがんじったいけんびきょう）は，プレパラートをつくる必要
がなく，観察するものを（③ ）的に観
察することができる。

ルーペは①に
近づけて使う。

観察するものが動かせない
ときは，自分が近づいたり
離れたりする。

② 花のつくりとはたらき

(1) 花を咲（さ）かせ，種子（しゅし）をつくってなかまをふやす植
物を（① ）という。

(2) アブラナやエンドウのように，胚珠（はいしゅ）が子房（しぼう）の中
にある植物を（② ）という。

(3) 受粉（じゅふん）の後，めしべの根元の子房が成長して
（③ ）になり，子房の中の（④ ）
が成長して種子ができる。

(4) マツやスギ，イチョウのように子房がなく，胚
珠がむき出しの植物を（⑤ ）という。

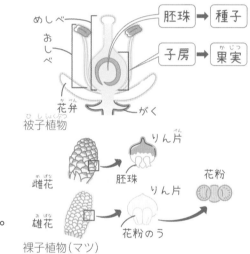

めしべ
おしべ

胚珠 ➡ 種子
子房（かじつ） ➡ 果実

花弁（さべん）
がく
被子植物（ひししょくぶつ）

りん片
胚珠
雌花（かばな）

りん片
花粉（かふん）

雄花（おばな）
花粉のう
裸子植物（マツ）

③ 子葉，葉・根のつくり

(1) 被子植物のうち，子葉（しよう）が1枚のなかまを
（① ），子葉が2枚のなかまを
（② ）という。

(2) 根にはAのような（③ ）と，Bの
ような主根と（④ ）からなるものがあ
る。

(3) 葉のすじのようなつくりを（⑤ ）と
いう。⑤には，Cのような平行脈（へいこうみゃく）（平行な⑤）
と，Dのような網状脈（もうじょうみゃく）（網目状の⑤）があ
る。

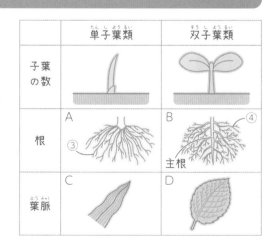

	単子葉類（たんしようるい）	双子葉類（そうしようるい）
子葉の数		
根	A ③	B ④ 主根
葉脈（ようみゃく）	C	D

④ 植物の分類

(1) 植物は，種子をつくる（①　　　　）
植物と，種子をつくらない植物に分
けられる。種子をつくらないシダ植
物やコケ植物は，（②　　　　）でな
かまをふやす。種子をつくらない植
物のうち，（③　　　　）植物は，葉
・茎・根の区別があるが，（④　　　　）
植物には葉・茎・根の区別はない。

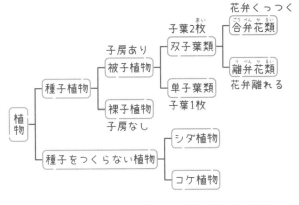

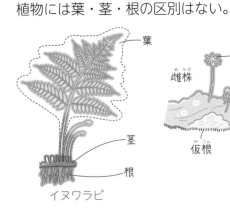

イヌワラビ

ゼニゴケ

コケ植物の「根」
コケ植物の体には，葉・茎・根
の区別はない。
根のように見える部分は仮根と
いい，おもに体を地面に固定す
る役目をしている。

⑤ 動物の分類

(1) 背骨がある動物を（①　　　　　）といい，背骨がない動物を（②　　　　　）と
いう。①は，５つのなかまに分類される。

(2) 子を子宮（体）内である程度育てて産むことを（③　　　）といい，卵（たまご）で産むことを
（④　　　）という。

(3) ②には，体が（⑤　　　　）という殻におおわれ，体やあしに節がある（⑥　　　　）
や，内臓が（⑦　　　　）でおおわれている軟体動物などのなかまがいる。

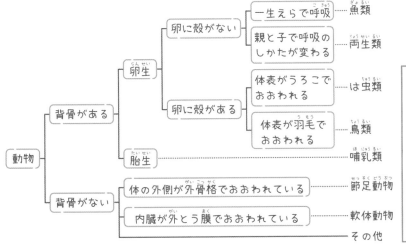

節足動物
節足動物は，昆虫類・甲殻
類・その他の３つに分けら
れる。
・昆虫類　バッタ，チョウ
　など
・甲殻類　カニ，エビなど
・その他　クモ，ムカデな
　ど

いろいろな生物とその共通点

時間 30 分 ｜目標 70 点

得点　　　　　　点

解答 別冊 p.3

1 双眼実体顕微鏡の操作について，次の問いに答えなさい。 15点(各3点)

(1) 図のア〜ウの名称を答えなさい。

ア(　　　　　　　)　イ(　　　　　　　)

ウ(　　　　　　　)

(2) 次のⓐ〜ⓓを，操作の順に並べなさい。

(　　　)→(　　　)→(　　　)→(　　　)

ⓐ 左目でのぞきながら，視度調節リングを回してピントを合わせる。

ⓑ 左右の接眼レンズの幅を，自分の目の幅に合うように鏡筒を調節する。

ⓒ 観察するものの大きさに合わせて，粗動ねじを動かして鏡筒を上下させる。

ⓓ 右目でのぞきながら，微動ねじを回してピントを合わせる。

(3) 次の文の(　)にあてはまる語句を○で囲みなさい。

双眼実体顕微鏡は，観察物を(　平面　・　立体　)的に観察するためのものである。

2 図1はサクラの花の断面図，図2はその果実の断面図である。これについて，次の問いに答えなさい。 27点(各3点)

(1) 図のA〜Eの名称を書きなさい。

A(　　　　　　　)　B(　　　　　　　)

C(　　　　　　　)　D(　　　　　　　)　E(　　　　　　　)

(2) Aの部分に花粉がつくことを，何というか。 (　　　　　　　)

(3) 図1のおしべの先の小さな袋を，何というか。 (　　　　　　　)

(4) 図2のDとEは，それぞれ図1のどの部分が成長したものか。A〜Cから選び，記号で答えなさい。 D(　　　)　E(　　　)

3 図は，マツの枝とその一部を示したものである。これについて，次の問いに答えなさい。 16点(各2点)

(1) A〜Cは，マツの枝のア〜ウのどの部分にあるか。

A(　　　　　　　)　B(　　　　　　　)

C(　　　　　　　)

(2) A〜Cからとり出してみたうろこのようなものがD〜Fである。D〜Fは，それぞれA〜Cのどれの一部分か。

D(　　　　　　　)　E(　　　　　　　)　F(　　　　　　　)

(3) Gは，Dから出てきた細かい粉である。この粉は何か。 (　　　　　　　)

(4) 種子をつくるためには，(3)の粉はエ〜カのどこにつかなければならないか。 (　　　　　　　)

4 図1は，植物の分類を示したものである。これについて，次の問いに答えなさい。

24点(各3点)

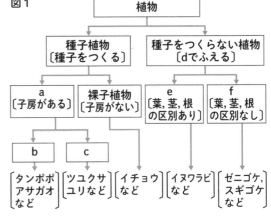

図1

(1) 図1の a には，何植物が入るか。名称を書きなさい。　（　　　　　　）

(2) a は，子葉の数によって b，c に分けられる。c を何類というか。また，c の子葉の数を答えなさい。

c（　　　　　　）

子葉の数（　　　　枚）

(3) 種子をつくらない植物は d でふえる。d に入る言葉は何か。

（　　　　　　）

図2

(4) 種子をつくらない植物は e，f に分けられる。f を何植物というか。

（　　　　　　）

(5) 図2はイヌワラビのスケッチである。イヌワラビの茎と根にあたる部分は，それぞれ㋐〜㋑のどこか。当てはまる部分を選びなさい。

茎（　　　）　根（　　　）

(6) 図1の d は，イヌワラビではどの部分に見られるか。次の㋐〜㋑から選びなさい。

（　　　　）

㋐ 茎の先端　　㋑ 葉の表　　㋒ 葉の裏　　㋓ 根の先端

5 図は，ハト，イモリ，フナ，コウモリ，イカ，バッタ，ヤモリを，分類したものである。

18点(各3点)

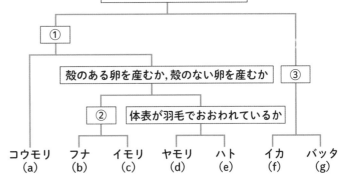

(1) 観点①，②に当てはまるものを，下の㋐〜㋒から選びなさい。

観点①（　　　）

観点②（　　　）

㋐ 一生えらで呼吸するか，子と親で呼吸のしかたが変わるか。

㋑ 外とう膜があるか，ないか。　　㋒ 卵生か，胎生か。

(2) バッタの体は外骨格というかたい殻でおおわれている。①このような動物を何動物というか。また，②外骨格のはたらきを簡単に書きなさい。

①（　　　　　　）

②（　　　　　　　　　　　　　　　　　　　　　　　　　　）

(3) サンショウウオ，アサリは，それぞれ a 〜 g のどこに分類されるか。

サンショウウオ（　　　）　　アサリ（　　　）

第2日 ステップ1

1年 >> 粒子（物質）

身のまわりの物質

解答 別冊 p.4

月 / 日

（　）に当てはまる語句を答えよう。

① 身のまわりの物質とその性質

(1) コップのように，目的や形などでものを区別するときの名称を（①　　　　）といい，ガラスやプラスチックなどの材料でものを区別するときの名称を（②　　　　）という。

> **ここに注意**
> 炭素そのものは無機物である。また，二酸化炭素は炭素をふくんでいるが無機物であることに注意する。

(2) 炭素をふくむ物質を（③　　　　）といい，炭素をふくまない物質を（④　　　　）という。③を燃やすと，二酸化炭素が発生する。
↑多くの場合，水も発生する。

(3) 鉄や銅などの（⑤　　　　）は，熱をよく伝え，（⑥　　　　）をよく通し，特有の光沢がある。
↑金属光沢

(4) 木やガラスなど，金属以外の物質を（⑦　　　　）という。

> **密度**
> ・単位体積（ふつう 1 cm³）あたりの質量を密度という。
> ・物質は密度によって区別することができる。
> $$密度〔g/cm^3〕=\frac{物質の質量〔g〕}{物質の体積〔cm^3〕}$$

② 気体の発生と性質

(1) 水にとけにくい気体は，（①　　　　）法で集める。水にとけやすい気体のうち，空気よりも密度が大きい気体は（②　　　　）法で，空気よりも密度が小さい気体は（③　　　　）法で集める。

水上置換法

はじめは水で満たす。

下方置換法

上方置換法

空気中の気体の体積の割合

その他の気体 約1%

酸素 約21%

窒素 約78%

例 酸素，水素，（二酸化炭素）

例 二酸化炭素，塩素，塩化水素

例 アンモニア

(2) いろいろな気体の性質

気体名	色	におい	水へのとけ方	空気と比べたときの密度	その他の性質
（④　　　）	無色	なし	とけにくい	少し大きい	物質を燃やす
（⑤　　　）	無色	なし	少しとける	大きい	石灰水が白くにごる
（⑥　　　）	無色	なし	とけにくい	非常に小さい	燃えて水になる
（⑦　　　）	無色	刺激臭	非常によくとける	小さい	水溶液はアルカリ性

❸ 水溶液の性質

(1) 水にとけている物質を（① 　　　），水のように，とかしている液体を（② 　　　）という。①が②にとけた液を（③ 　　　）といい，②が水の場合，（④ 　　　）という。

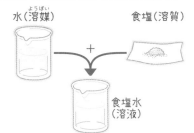

水（溶媒）　　　　　食塩（溶質）

＋

食塩水（溶液）

(2) 溶液は透明で，濃さはどの部分でも（⑤ 　　　）。

> **質量パーセント濃度**
> 溶液の濃さ。溶液の質量に対する溶質の質量の割合を百分率で表したもの。
>
> $$質量パーセント濃度〔\%〕 = \frac{溶質の質量〔g〕}{溶媒の質量〔g〕+溶質の質量〔g〕} \times 100$$
> ↑溶媒の質量＋溶質の質量＝溶液の質量

❹ 溶解度と溶質のとり出し方

(1) 物質が液体にとける限度までとけている状態を（① 　　　）といい，その水溶液を（② 　　　）という。

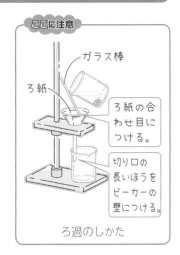

〔g〕100
100gの水にとける質量
80
60
40
20
0
0 10 20 30 40 50 60 70 80
水溶液の温度　〔℃〕

硝酸カリウム
塩化ナトリウム
ミョウバン

溶解度曲線

ここに注意

ガラス棒
ろ紙
ろ紙の合わせ目につける。
切り口の長いほうをビーカーの壁につける。

ろ過のしかた

(2) 物質が一定の量の水（100 g）にとける限度の質量を，その物質の（③ 　　　）という。

(3) 物質を溶媒にとかし，溶液からその物質を再び結晶としてとり出すことを（④ 　　　）という。

❺ 状態変化と熱

(1) 物質が温度によって固体，液体，気体の間で状態を変えることを（① 　　　）という。

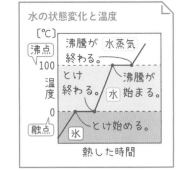

気体

冷却　加熱　　　冷却　加熱

固体　⇄加熱　冷却⇄　液体

水の状態変化と温度

〔℃〕
沸点 100
融点 0
温度

沸騰が終わる。　水蒸気
とけ終わる。　　沸騰が始まる。
水
とけ始める。
氷

熱した時間

(2) 固体がとけて液体になるときの温度を（② 　　　），液体が沸騰して気体になるときの温度を（③ 　　　）という。②や③は，物質の種類によって決まっている。

(3) 液体を加熱して（④ 　　　）にし，それを冷やして再び液体にして集める操作を（⑤ 　　　）という。
↑物質の状態

身のまわりの物質

1 身のまわりの物質の性質を調べるために，A～Eの5種類の物質について，実験1～4を行い，それぞれ次のような結果が得られた。これについて，下の問いに答えなさい。

16点(各4点)

〔実験1〕水にとけるか調べる。→(結果)AとDがとけた。

〔実験2〕電気を通すか調べる。→(結果)BとEが通した。

〔実験3〕燃えるかどうか調べる。→(結果)Dだけ燃えなかった。

〔実験4〕燃えて二酸化炭素が出るか調べる。→(結果)AとCから発生した。

(1) A～Eの中に砂糖があるとすれば，それはどれか。　　　　　　　（　　　　　）

(2) 有機物と無機物の区別は，どの実験でわかるか。　　　　　　　（　　　　　）

(3) A～Eの中で金属と考えられるものが2つある。それはどれとどれか。（　　　　　）

(4) (3)で答えた金属のうち，一方が鉄であるとすれば，どのようにして見分ければよいか。密度を調べる以外の方法を書きなさい。　（　　　　　　　　　　　　　　　　　　　）

2 図のような装置で気体を発生させた。 16点(各4点)

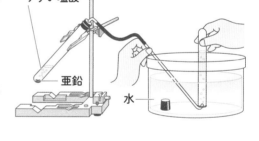

うすい塩酸

亜鉛

水

(1) 発生した気体は何か。　　　　（　　　　　）

(2) 図のような気体の集め方を何というか。

（　　　　　）

(3) 図のような方法で集めるのは，発生した気体にどのような性質があるからか。次の⑦～④から選びなさい。　　　　（　　　　　）

　⑦ 空気より密度が小さい。　　④ 水にとけにくい。

　⑨ 空気より密度が大きい。　　④ 水にとけやすい。

(4) この気体の性質としてまちがっているものを，次の⑦～④から選びなさい。　（　　　　　）

　⑦ 音を立てて燃える。　　④ 色もにおいもない。

　⑨ 燃えると水ができる。　　④ 空気中でもっとも多い気体である。

3 次の⑦～④の水溶液がある。これについて，下の問いに答えなさい。 16点(各4点)

　⑦ アンモニア水　　④ 塩化ナトリウム水溶液　　⑨ 塩酸

　④ 炭酸水　　④ 砂糖水

(1) 塩化ナトリウム水溶液にとけている溶質は何か。　　　　（　　　　　）

(2) 100gの水に80gの砂糖をとかした砂糖水の質量は何gか。　（　　　　　）

(3) 気体がとけている水溶液を，⑦～④からすべて選びなさい。　（　　　　　）

(4) 180gの水に20gの砂糖をとかした砂糖水の濃度(質量パーセント濃度)を求めなさい。

（　　　　　）

4 グラフは，硝酸カリウム，塩化ナトリウム，ミョウバンの３種類の物質の，100gの水にとける質量と温度の関係を示したものである。　28点(各4点)

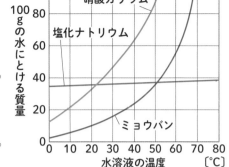

(1) 水100gに物質をとかして飽和水溶液にしたとき，とけた物質の質量の値を，その物質の何というか。
（　　　　　　　　　）

(2) 50℃の水100gに80gの硝酸カリウムを加えてよくかき混ぜた。硝酸カリウムはすべてとけるか。
（　　　　　　　　　）

(3) (2)の液を20℃まで冷やすと，硝酸カリウムの結晶は現れるか。　（　　　　　　　　　）

(4) 50℃の水200gに60gの塩化ナトリウムを加えてよくかき混ぜた。塩化ナトリウムはすべてとけるか。
（　　　　　　　　　）

(5) (4)の液を20℃まで冷やすと，塩化ナトリウムの結晶は現れるか。　（　　　　　　　　　）

(6) 同じ量の水に，硝酸カリウム，塩化ナトリウム，ミョウバンをとかしたとき，もっとも多くとける物質が塩化ナトリウムである温度を，次のア～エから選びなさい。　（　　　　　　　）
ア　10℃　　イ　30℃　　ウ　50℃　　エ　70℃

(7) この実験で試みたように，物質をいったん水にとかし，再び結晶としてとり出す操作を何というか。
（　　　　　　　　　）

5 図のような装置で水とエタノールの混合物を加熱した。グラフは，このときの加熱時間と温度の関係を表したものである。これについて，次の問いに答えなさい。　24点(各4点)

(1) 加熱する前，フラスコにXを入れる。Xは何か。
（　　　　　　　　　）

(2) 試験管にたまった液体のうち，もっとも多量のエタノールをふくむのはグラフのどの時間帯から出てきたものか。グラフのア～エから選びなさい。　（　　　　　　）

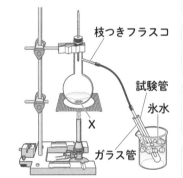

(3) この実験のように，液体を加熱して気体にし，それを冷やして再び液体を得る操作を何というか。
（　　　　　　　　　）

(4) (3)によって物質を分離する場合，物質の何のちがいを利用しているか。　（　　　　　　）

 (5) この実験で，ガスバーナーの火を消す前にしなければならないことは何か。
（　　　　　　　　　）

(6) ガスバーナーの火を消すとき，どのような順で閉めるのが正しいか。次のア～ウを順に並べなさい。
ア　元栓　　イ　空気調節ねじ　　ウ　ガス調節ねじ
（　　　→　　　→　　　）

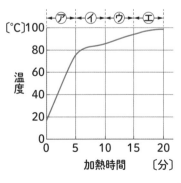

大地の成り立ちと変化

( )に当てはまる語句を答えよう。

① 火山活動

(1) 火山が噴火したとき，火口から噴出する溶岩や火山灰，火山ガスなどを（① 　　　　）という。

(2) 火山の噴火で，地下のマグマがふき出し，地表に流れ出たものを（② 　　　）という。

(3) 火山の形や噴火のようすはマグマの（③ 　　　　）によって異なる。

(4) マグマの③が大きいと火山の形は盛り上がり，噴火のようすは（④ 　　　）。また，溶岩の色は（⑤ 　　　）。

形	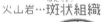		
噴火	おだやか	⟷	④
溶岩の色	黒っぽい	⟷	⑤
マグマのねばりけ	小さい	⟷	大きい
〈例〉	マウナロア	桜島	昭和新山

② 火成岩の種類と組織

(1) マグマが冷えて固まった岩石を（① 　　　　）という。

(2) マグマが地表や地表近くで急に冷え固まってできた岩石を（② 　　　）といい，地下深くでゆっくり冷え固まってできた岩石を（③ 　　　）という。

(3) 火山岩は細かい粒でできた（④ 　　　）と，比較的大きな鉱物の（⑤ 　　　）からできている。このような岩石のつくりを（⑥ 　　　）組織という。

(4) 深成岩はマグマが地下深くで（⑦ 　　　　）と冷え固まったため，鉱物がじゅうぶんに成長している。このような岩石のつくりを（⑧ 　　　）組織という。

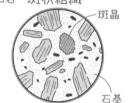

火山岩…**斑状組織**
斑晶
石基

深成岩…**等粒状組織**

③ 地層の重なりと堆積岩，化石

(1) 気温の変化や水のはたらきで，岩石の表面がもろくなることを（① 　　　），水のはたらきでけずられることを（② 　　　）という。

(2) れき，砂，泥などは，流水により（③ 　　　）され，水の流れがゆるやかになった海底などで（④ 　　　）して地層をつくる。

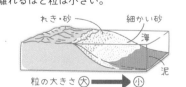

海底の土砂の堆積

細かい粒ほど遠くに運ばれるので，岸から離れるほど粒は小さい。

れき・砂
細かい砂
海
泥

粒の大きさ 大 ⟶ 小

(3) 堆積物が長い年月をかけて地層の重みなどで押し固められ、岩石になったものを（⑤　　　　　　）という。

(4) ⑤は、岩石をつくる粒の大きさ（直径）により、れき岩、砂岩、（⑥　　　　　）に分けられる。（⑦　　　　　　）は火山灰などが堆積してできた岩石である。

(5) サンゴのように、地層ができた当時の環境を推定できる化石を（⑧　　　　　　）、地層ができた時代を推定できる化石を（⑨　　　　　　）という。

> **堆積岩の種類と堆積物**
>
> 泥岩…泥（$\frac{1}{16}$ mm 以下）★
>
> 砂岩…砂（$\frac{1}{16}$ 〜 2 mm）
>
> れき岩…れき（2 mm 以上）
>
> 石灰岩…生物の遺骸など
> 　　　　（炭酸カルシウム）
>
> チャート…生物の遺骸など
> 　　　　　（二酸化ケイ素）
>
> 凝灰岩…火山噴出物
>
> ★約 0.06 mm

④ 地震

(1) 最初に岩石が破壊された場所を（①　　　　　）、その真上の地表の位置を震央という。

(2) はじめの小さなゆれを（②　　　　　　）、後からくる大きなゆれを（③　　　　　）という。

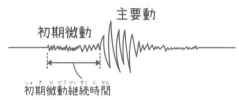

主要動

初期微動

初期微動継続時間

地震計の記録

(3) ②がはじまってから③がはじまるまでの時間を（④　　　　　　　　　　　　）といい、震源距離が長いほど長くなる。
↑震源から観測点までの距離

(4) 地震のゆれの程度は（⑤　　　　　）で表され、地震そのものの規模の大小は（⑥　　　　　　）（記号 M）で表される。

(5) 日本列島付近の地震は、（⑦　　　　　　）（地球表面をおおう岩石のかたまり）の動きによって起こる。

(6) 海溝（プレート境界）型地震では、海底の上下の変形にともなって（⑧　　　）が発生することがある。
↑波の名称

(7) 内陸型地震は、大陸プレート（陸のプレート）が海洋プレート（海のプレート）に押されてひずみ、破壊されて断層ができたり、（⑨　　　　　）が再びずれたりして起こる。
↑過去に動き、今後も動く可能性のあるもの

> **プレートと地震**
>
> 日本列島の地下で、海洋プレートが大陸プレートの下に沈みこむ。大陸プレートがゆがみにたえきれなくなり、反発して地震が起こる。
>
>
>
> 日本海溝　海洋プレート　大陸プレート　震源

⑤ 自然の恵みと災害

(1) 地震などによる大地の隆起などによって、海岸に沿ってできた階段状の地形を（①　　　　　　）といい、わたしたちは段丘の平らな地形を生活の場として利用してきた。

(2) 火山の恵みには、火山の熱を利用した温泉や、地熱を利用した（②　　　　　　）がある。
↑発電方法

(3) 地震による災害には、地すべり、土地が急に軟弱になる（③　　　　　　）、建造物の倒壊、津波による被害などがある。

(4) 火山による災害には、泥流、土石流、火砕流などの他、上空の風に運ばれた大量の（④　　　　　）が降り積もって農作物などに被害をあたえることがある。

大地の成り立ちと変化

1 図1は，顕微鏡で見た岩石のスケッチである。

33点(各3点)

図1

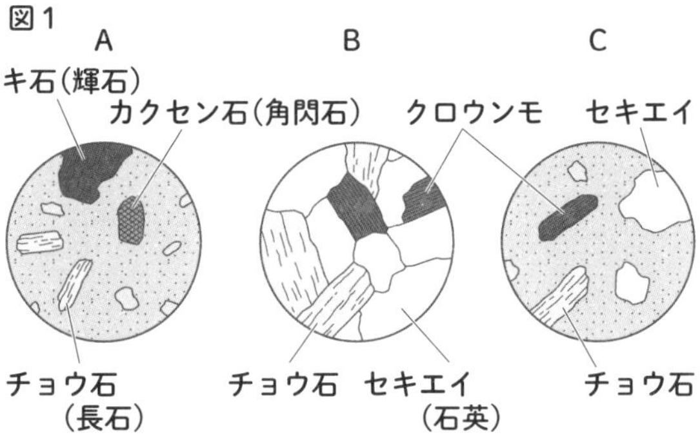

A　キ石(輝石)　カクセン石(角閃石)
B　クロウンモ　セキエイ
C　セキエイ
チョウ石(長石)　チョウ石　セキエイ(石英)　チョウ石

(1) マグマがもっともゆっくり冷えてできた岩石は，A～Cのどれか。　(　　　　)

(2) (1)で答えた岩石の組織を何というか。　(　　　　)

(3) Aの岩石では，比較的大きな鉱物と細かい粒の部分が見られる。それぞれの部分を何というか。　大きな鉱物(　　　　)　細かい粒の部分(　　　　)

(4) Aの岩石の大きな鉱物のでき方を，次の⑦～⑦から選び，記号で答えなさい。(　　　　)

　⑦ マグマが地表近くで急に冷えてできた。

　④ 火山から噴出して，空気中で冷えてできた。

　⑦ マグマが地下にあるときから結晶が成長してできた。

(5) 図2は，ある火山付近の地層の断面を示したものである。図1のBとCの岩石は，それぞれ図2の⑦と④のどちらの場所でできたものか。記号で答えなさい。

　　　　　B(　　　　)　C(　　　　)

図2

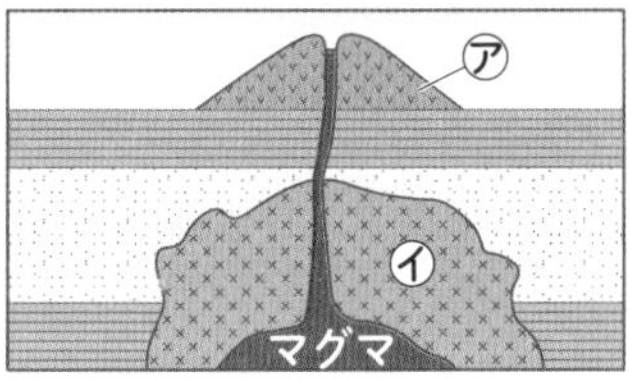

⑦
④
マグマ

(6) A～Cの岩石は，それぞれ火山岩と深成岩のどちらか。

　　　　A(　　　　)　B(　　　　)　C(　　　　)

(7) Bの岩石の色は，白っぽいか黒っぽいか。　(　　　　)

2 図は，ある地層の断面図をスケッチしたものである。この地層について観察したことを，次の①～④にまとめた。ただし，地層の逆転はないものとする。

16点(各4点)

　① Aは砂岩層，Bは泥岩層で，Aにシジミの化石が発見された。

　② Cは砂岩層で，アンモナイトの化石が発見された。

　③ Dは石灰岩の層で，その中にはフズリナの化石が発見された。

　④ Eは凝灰岩の層であった。

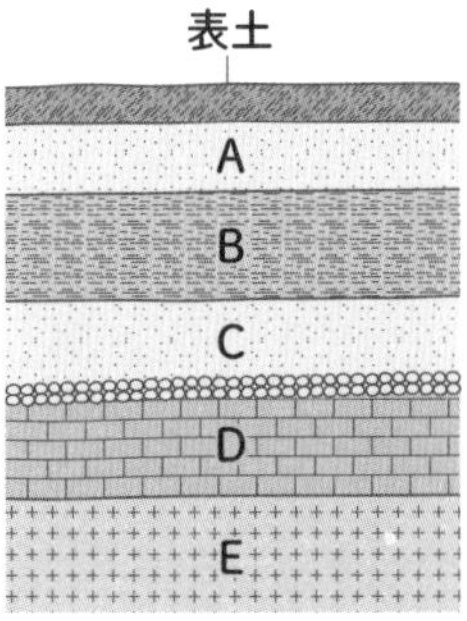

表土
A
B
C
D
E

(1) A～Eを古いものから順に並べなさい。

　　(　　　→　　　→　　　→　　　→　　　)

(2) Aの地層が堆積したころ，このあたりはどのような環境であったと考えられるか。　(　　　　)

(3) フズリナやアンモナイトなどのように，地層のできた時代を知る手がかりとなる化石を何というか。　(　　　　)

(4) Cの地層が堆積したのはいつの年代か。地質年代の区分で答えなさい。(　　　　)

3 次の文は，堆積岩の特徴を表したものである。それぞれにあてはまる岩石を答えなさい。

16点(各4点)

(1) 直径 $\dfrac{1}{16}$ mm 以下のシルトや粘土が固まった岩石。 （　　　　　）

(2) おもに火山灰が堆積し，固まってできた岩石。 （　　　　　）

(3) 直径 2 mm 以上のれきが固まってできた岩石。 （　　　　　）

(4) 生物の遺骸や水にとけていた成分が堆積したもので，うすい塩酸をかけると二酸化炭素が
発生する岩石。 （　　　　　）

4 図1は，A～C地点におけるある地震の記録である。これについて，下の問いに答えなさい。　32点(各4点)

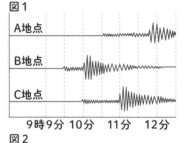

図1

(1) A～C地点のうち，震源からの距離がもっとも離れている地点はどこか。記号で答えなさい。 （　　　　　）

(2) C地点の初期微動継続時間は何秒か。
（　　　　秒）

(3) B地点での初期微動がはじまった時刻を答えなさい。
（　　　　　）

(4) 図2のグラフより，震源からの距離と初期微動継続時間はどんな関係があるか。 （　　　　の関係）

(5) 震源からの距離が 300 km の地点での初期微動継続時間は何秒か。 （　　　　秒）

(6) 初期微動継続時間が 1 分 30 秒の地点は，震源からの距離は何 km か。 （　　　　km）

(7) B地点の震源からの距離は何 km か。 （　　　　km）

(8) マグニチュードの説明として，正しいものはどれか。次の㋐～㋓から選び，記号で答えなさい。 （　　　　　）

㋐ 地面のゆれの大きさを示すものである。　　㋑ 被害の大きさを示すものである。

㋒ 地震の波が伝わる速さを示すものである。　㋓ 地震の規模を表す尺度である。

5 図の東北地方の A-B の部分で発生した地震について，その震源の深さを示しているのは，次の㋐～㋓のどれか。記号で答えなさい。

3点

（　　　　　）

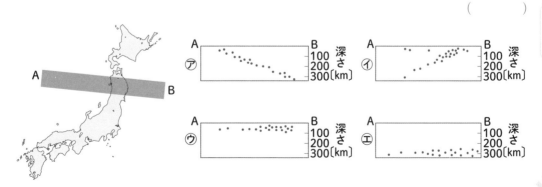

身のまわりの現象（光・音・力）

（　）に当てはまる語句や記号を答えよう。

① 光の反射と屈折

(1) 光が反射するとき，入射角と反射角の大きさはいつも
（①　　　　　）。これを光の（②　　　　　）という。
↑法則名

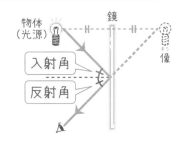

物体（光源）　鏡　像

入射角
反射角

(2) 光は異なる物質の境界面で折れ曲がって進む。これを
光の（③　　　）という。**図a**では入射角（④　　）
屈折角，**図b**では入射角（⑤　　）屈折角となる。
↑不等号　　　　　↑不等号

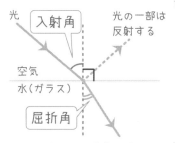

光　入射角　光の一部は反射する
空気
水（ガラス）
屈折角

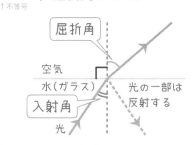

屈折角
空気
水（ガラス）　光の一部は反射する
入射角
光

鏡にうつる像の見かけの位置
物体と像の位置は鏡に対して線対称の関係にある。

図a 空気から水（ガラス）へ進む光　　**図b** 水（ガラス）から空気へ進む光

(3) **図b**のときなどで，光の入射角が大きくなると，光は屈折せず，すべての光が反射する。これを（⑥　　　　）という。

(4) 太陽などから出る光は，いろいろな光が混ざっていて（⑦　　　　）色をしている。
↑光をプリズムに通すと色ごとに分かれる。

② 凸レンズによる像

(1) 物体が焦点の外側…物体と上下左右が（①　　　　）向きの（②　　　　）ができる。

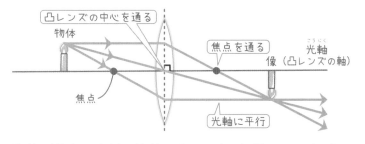

凸レンズの中心を通る
物体
焦点を通る
光軸
像（凸レンズの軸）
焦点
光軸に平行

物体の位置と実像の大きさ
・物体が焦点距離の2倍の位置
→物体と同じ大きさの実像
・物体が焦点上
→像はできない

(2) 物体が焦点の内側…物体と上下左右が（③　　　　）向きの（④　　　　）ができる。

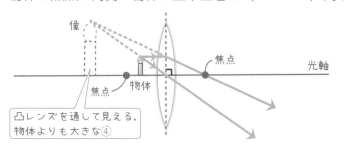

像
焦点
焦点　物体
光軸
凸レンズを通して見える，物体よりも大きな④

ここに注意
実像はスクリーンにうつるが，虚像はスクリーンにうつらないことに注意する。

❸ 音の性質

(1) 音を出しているものは（①　　　　）しており，
↑音源(発音体)
音は（②　　　　）として伝わることで聞こえる。

$$音の速さ〔m/s〕=\frac{音が伝わる距離〔m〕}{音が伝わる時間〔s〕}$$

(2) 音は，空気中を 1 秒間に約 340 m（340 m/s）の速さで進む。

(3) 振動の振れ幅を（③　　　　）といい，1 秒間に振動する回数を（④　　　　）という。
しんどう
↑ヘルツ(記号 Hz)という単位で表す。
(4) 振幅が大きいほど，音は（⑤　　　　），振動数が多いほど，音は（⑥　　　　）なる。
しんぷく　　　　　　　　　　　　　　　　　　　　しんどうすう

弦の振動と音の変化

弦の長さ	弦の太さ	弦を張る強さ	音の変化
短くする	細くする	強くする	高くなる
長くする	太くする	弱くする	低くなる

❹ 力による現象

(1) 力は，図のように力の（①　　　　），力の（②　　　　），（③　　　　）の 3 つの要素
↑力のはたらく点
を，矢印を使って表す。

力の① 矢印の長さ
力の② 矢印の向き
③（力のはたらく点） 矢印の根もと

ここに注意
質量 100 g の物体にはたらく重力の大きさ
しつりょう
（重さ）が約 1 N である。質量と重さを区
別できるように注意する。

(2) 力の大きさは（④　　　　）（記号 N）の単位を使って表す。

(3) ばねののびは，ばねに加わる力の大きさに（⑤　　　　）
する。これを（⑥　　　　）という。
↑法則名

(4) 1 つの物体に 2 つ以上の力がはたらいていて，その物
体が静止しているとき，物体にはたらく力は
（⑦　　　　）という。

グラフは原点を通る直線

〔cm〕ばねののび：12.0, 10.0, 8.0, 6.0, 4.0, 2.0
力の大きさ〔N〕：0, 0.1, 0.2, 0.3, 0.4, 0.5

(5) 2 力がつり合う条件は，

❶ 2 力は（⑧　　　　）上にある。

❷ 2 力の大きさは（⑨　　　　）。

❸ 2 力の向きは（⑩　　　　）。

❶2力は⑧上にある　❷2力の大きさは⑨　❸2力の向きは⑩である

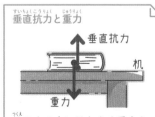

垂直抗力と重力
すいちょくこうりょく じゅうりょく
垂直抗力
机
重力
机の上の本にはたらく重力と，
つくえ
机から本にはたらく垂直抗力が
つり合っている。

身のまわりの現象(光・音・力)

1 図は，鏡の手前の P 点に物体があり，M さんが，鏡と平行な直線上を，①から⑬の位置まで移動しているようすを示している。M さんから見て，鏡にうつった物体が見えるのは，どの範囲の位置にいるときか。例にならって番号で答えなさい。　12点

（例　⑮〜⑳）（　　　　　）

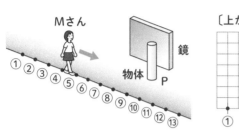

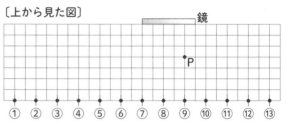

〔上から見た図〕

2 図は，水中に置いた光源から空気中に光が進むようすを示したものである。　16点(各4点)

(1) ①のように，境界面に垂直に入射した光は，どう進むか。次の⑦〜⑦から選び，記号で答えなさい。　（　　　　）
　⑦ 直進する。　⑦ 水中にもどる。　⑦ 消える。

(2) ②の光は，境界面で屈折して空気中に進むとき，図中の⑦〜⑦のどの光となるか。　（　　　　）

(3) ③，④の光はすべて水中にもどった。この現象を何というか。　（　　　　）

(4) (3)の現象を利用しているものを，次の⑦〜⑦から1つ選び，記号で答えなさい。
　⑦ 光ファイバー　⑦ レーザー光線　⑦ 虫眼鏡　（　　　　）

3 図のような光学台を使って，凸レンズの位置を決め，スクリーンだけを動かして，スクリーン上にはっきりした像をつくった。　20点(各4点)

(1) スクリーン上にできた像を何というか。　（　　　　）

(2) スクリーン上にできた像はスクリーンの裏側から見てどのようになっているか。次の⑦，⑦から選び，記号で答えなさい。　（　　　　）
　⑦ 上下左右そのまま　⑦ 上下左右逆さま

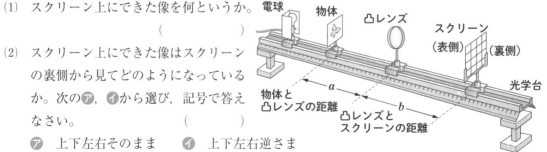

(3) 次の❶，❷のとき，スクリーンにできる像は，物体より大きいか小さいか，または同じか。
　❶ $a=b$ （　　　　）　❷ $a>b$ （　　　　）

(4) 物体を凸レンズに近づけていくと，スクリーン上に像ができなくなった。このとき，凸レンズを通して物体を見ると，物体が大きく見えた。この像を何というか。（　　　　）

4 図は，4種類のおんさを鳴らしたときの音の波形 A 〜 D を
オシロスコープで調べたものである。図の縦軸は振動の振れ
幅を，横軸は時間を表している。　　　24点(各4点)

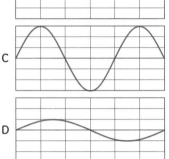

(1) 図の A の波形の振幅を表しているのは，ア〜ウのどれか。
1つ選び，記号で答えなさい。　　　　（　　　　　）

(2) A の振動数は何 Hz か。ただし，横軸の1目盛りは
0.000625 秒とする。　　　　　　　　（　　　　　）

(3) 次の❶〜❹について，当てはまるものをそれぞれすべて選
び，B 〜 D の記号で答えなさい。

❶ A よりも音が大きい　　　　　（　　　　　）

❷ A よりも音が小さい　　　　　（　　　　　）

❸ A よりも音が高い　　　　　　（　　　　　）

❹ A よりも音が低い　　　　　　（　　　　　）

5 ばねにおもりをつり下げて，おもりの質量とばねののびを調べた。表は，100 g のおもり
にはたらく重力の大きさを1Nとして，その結果をまとめたものである。　16点(各4点)

おもりがばねを引く力の大きさ〔N〕	0	0.2	0.4	0.6	0.8	1.0
ばねののび〔cm〕	0	4.0	8.0	12.0	16.0	20.0

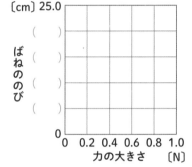

(1) 表をもとに，ばねを引く力の大きさとばねののびとの関
係を，縦軸に数値を入れて，右の図にグラフで表せ。

(2) ばねののびとばねを引く力の大きさとの関係を表す法則
を何というか。　　　（　　　　　　　　　）

(3) このばねののびが 10.0 cm のとき，ばねを引く力の大き
さは何 N か。　　　　　　　　　　　（　　　　　）

(4) 地球上では 1.2 N のおもりを月面上でこのばねにつるしたとき，ばねののびは何 cm にな
ると考えられるか。ただし，月面上での重力は，地球上での6分の1とする。

（　　　　　）

6 図は，人がボウリングのボールをもって立っているようす
である。図の矢印はボールにはたらく重力を表している。
また，図の1目盛りは 15 N を表している。　　12点(各4点)

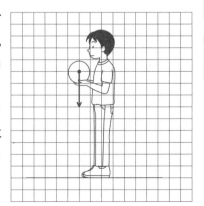

(1) ボールにはたらく重力の大きさは何 N か。

（　　　　　）

(2) ボールが静止しているとき，手がボールを支える力の大
きさは何 N か。　　　　　　　　　（　　　　　）

(3) (2)の力を，図にかき入れなさい。

2年 » 粒子（物質）

原子と分子，化学変化

（ ）に当てはまる語句や数値，記号を答えよう。

① 物質の分解

(1) もとの物質とは性質の異なる別の物質ができる変化を
（① 　　　　　） という。

（分解
熱分解…加熱による分解。
電気分解…電流を流すことによる分解。）

(2) 1種類の物質が2種類以上の物質に分かれる化学変化
を （② 　　　　　） という。

(3) 炭酸水素ナトリウムを加熱すると，
（③ 　　　　　　　），（④ 　　　　），（⑤ 　　　　　　）
　↑固体　　　　　　　　　　↑液体　　　　　　↑気体
に分解する。③は，水によくとけ，フェノールフタレ
イン溶液を濃い（⑥ 　　　　） にする。④は，青色の塩化コ
バルト紙を（⑦ 　　　　） にする。

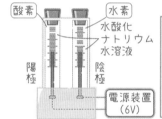

炭酸水素ナトリウム→加熱後
炭酸ナトリウム
水が付着
石灰水が白くにごる
二酸化炭素が発生

(4) 水（水酸化ナトリウム水溶液）に
　↑電流が流れやすくするため
電流を流すと，（⑧ 　　　　） と
　　　　　　　　　↑陰極側
（⑨ 　　　　） が発生する。
　↑陽極側
（⑩ 　　　　） はマッチの火を近
づけると音を立てて燃え，
（⑪ 　　　　） は火のついた線香を入れると，炎を上げて燃える。

酸素　水素
水酸化ナトリウム水溶液
陽極　陰極
電源装置（6V）

（分解の例
酸化銀を加熱する。
　酸化銀 ⟶ 銀＋酸素
塩化銅水溶液に電流を流す。
　塩化銅 ⟶ 銅＋塩素）

② 原子・分子

(1) 物質をつくっている粒子を（① 　　　　） という。①には，次の
ような性質がある。

❶それ以上（② 　　　　） ことができない。

❷化学変化によって，新しくできたり，種類が変わったり，
（③ 　　　　　　） しない。

❸種類によって，（④ 　　　） や大きさが決まっている。

(2) いくつかの原子が結びついた粒子を（⑤ 　　　） という。物質
の （⑥ 　　　） を示す最小の粒子であるが，銀や塩化ナトリウ
ムなどのように（⑦ 　　　） をつくらない物質もある。

・水素分子は水素原子（⑧ 　　） 個，酸素分子は酸素原子
（⑨ 　　） 個でできている。

水素分子　　酸素分子

・水分子は（⑩ 　　　） 原子1個と水素原子2個，二酸化炭
素分子は（⑪ 　　　） 原子1個と酸素原子2個でできている。

水分子　　二酸化炭素分子

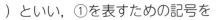

❸ 化学式と化学反応式

(1) 物質を構成する原子の種類を（① 　　　　　）といい，①を表すための記号を（② 　　　　　）という。

(2) ①を原子番号の順に並べた表を，①の（③ 　　　　　）という。

(3) ②と数字を使って物質を表した式を（④ 　　　　　）という。

(4) 物質は純物質（純粋な物質）と混合物に分けられ，（⑤ 　　　　　）はさらに１種類の元素からできている（⑥ 　　　　　）と２種類以上の元素からできている（⑦ 　　　　　）に分けられる。

(5) 化学変化を化学式で表したものを（⑧ 　　　　　）という。

物質名	化学式
水素	H_2
酸素	O_2
水	H_2O
二酸化炭素	CO_2
塩化ナトリウム	$NaCl$
銀	Ag

ここに注意
化学式では，原子の数は右下に書く。
H_2 ○　H^2 ×
また，2文字の元素記号は，大文字と小文字で書く。
$NaCl$ ○　$Nacl$ ×

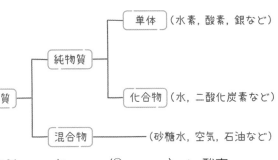

(6) 水の電気分解の⑧

❶反応前の物質と反応後の物質を⟶で結ぶ。… 水 ⟶ （⑨ 　　　） ＋ 酸素

❷❶の物質を化学式で表す。‥‥‥‥‥‥‥‥‥ H_2O ⟶ （⑩ 　　　） ＋ O_2

❸化学変化の前後で,原子の種類と数を等しくする。… H_2O H_2O ⟶ （⑪ 　　　　） ＋ O_2

❹同じ化学式が複数あるときは，‥‥‥‥‥‥‥‥ （⑫ 　　　） ⟶ （⑬ 　　　） ＋ O_2
　その数を化学式の前につける。

❹ 物質どうしが結びつく化学変化

(1) 2種類以上の物質が結びつくと，もとの物質とは（① 　　　　　）がちがう別の物質が1種類できる。

(2) 鉄粉と硫黄の粉末の混合物を加熱すると，（② 　　　　　）という別の物質ができる。

(3) 鉄にうすい塩酸を加えると，無臭の（③ 　　　　）が発生する。また，鉄に磁石を近づけると，鉄は引きつけ（④ 　　　　）。

(4) 硫化鉄にうすい塩酸を加えると，卵の腐ったようなにおいのする（⑤ 　　　　　）が発生する。また，硫化鉄に磁石を近づけると，硫化鉄は引きつけ（⑥ 　　　　）。

(5) 鉄と硫黄が結びつく化学変化を化学反応式で表すと（⑦ 　　　　　　　）となる。

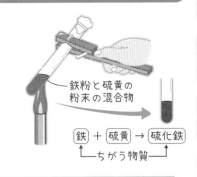

鉄粉と硫黄の粉末の混合物

鉄 ＋ 硫黄 → 硫化鉄
└ちがう物質┘

いろいろな化学反応式
・物質どうしが結びつく化学変化
銅＋硫黄 ⟶ 硫化銅（$Cu + S ⟶ CuS$）
銅＋塩素 ⟶ 塩化銅（$Cu + Cl_2 ⟶ CuCl_2$）
・分解
塩化銅 ⟶ 銅＋塩素（$CuCl_2 ⟶ Cu + Cl_2$）
酸化銀 ⟶ 銀＋酸素
（$2Ag_2O ⟶ 4Ag + O_2$）

原子と分子，化学変化

1 炭酸水素ナトリウムをかわいた試験管に入れ，図のように加熱し，発生した気体を水上置換法で３本の試験管に集めた。　26点(各3点，(2)5点)

炭酸水素ナトリウム

水

(1) 発生した気体の性質を調べるために，３本の試験管に集めた気体をそれぞれ次の❶～❸の方法で調べた。それぞれどのような結果になるか。

❶ マッチの火を近づける。（　　　　　　　）

❷ 火のついた線香を入れる。
（　　　　　　　）

❸ 石灰水を入れてよく振る。　　　　　　　　　　　　　　（　　　　　　　）

(2) 試験管の口を下げないで加熱すると，どのようなことが起こるか。
（　　　　　　　　　　　　　　　　　　　　　　　　　　　　　　　　　　　　）

(3) 加熱した試験管に残った白い物質の水溶液は，炭酸水素ナトリウムの水溶液と比べて，アルカリ性の強さはどうか。次の⑦～⑨から選び，記号で答えなさい。　（　　　）

⑦ アルカリ性が強い。　　　　④ アルカリ性が弱い。　　　　⑨ 変わらない。

(4) 炭酸水素ナトリウムを加熱することによってできる物質を３つ答えなさい。
（　　　　　　　）（　　　　　　　）（　　　　　　　）

2 図のような装置を使って水に電流を流し，発生した気体の性質を調べた。　18点(各3点)

ゴム栓

ステンレス電極

陽極側　陰極側

正面

電源装置(6V)

(1) 電流が流れやすくするため，水にとかす物質は何か。
（　　　　　　　）

(2) 陽極側に発生した気体は何か。　（　　　　　　　）

(3) 陽極側に発生した気体を別の方法でつくるには，どうしたらよいか。次の⑦～㋓から選び，記号で答えなさい。

⑦ 亜鉛にうすい塩酸を加える。　　　　　　　（　　　）

④ 二酸化マンガンにオキシドールを加える。

⑨ 石灰石にうすい塩酸を加える。

㋓ 塩化アンモニウムと水酸化カルシウムを混ぜて加熱する。

(4) 陰極側に発生した気体は何か。　　　　　　　　　　　　　　　　（　　　　　　　）

(5) 陰極側に発生した気体を別の方法でつくるには，どうしたらよいか。(3)の⑦～㋓から選び，記号で答えなさい。　　　　　　　　　　　　　　　　　　　　　　（　　　）

(6) 陰極側に発生した気体の性質を，次の⑦～㋓から選び，記号で答えなさい。　（　　　）

⑦ 火をつけた線香を入れると，炎を上げて燃える。　　　④ 漂白作用がある。

⑨ マッチの火を近づけると，音を立てて燃える。　　　　㋓ 石灰水を白くにごらせる。

3 次の問いに答えなさい。　24点(各3点)

(1) 次の❶～❸の物質の元素記号を書きなさい。

❶ 水素(　　　)　　❷ 炭素(　　　)　　❸ 硫黄(　　　)

(2) 次の❶～❸の元素記号から，元素の名称を書きなさい。

❶ N(　　　)　　❷ O(　　　)　　❸ Na(　　　)

(3) 次の❶，❷は，物質の化学変化をモデルで示したものである。それぞれ化学反応式で表しなさい。ただし，○は酸素原子，●は塩素原子，□は銅原子，■は銀原子を表している。

❶ 銅と塩素が結びついて塩化銅ができる。

□ + ●● ⟶ ●□● 　　　　　　　　(　　　　　　　)

❷ 酸化銀を熱すると，分解して銀と酸素ができる。

■○■ ■○■ ⟶ ■ ■ ■ ■ + ○○ 　　(　　　　　　　)

4 鉄粉7gと硫黄4gをよく混ぜ合わせて試験管に入れ，図のように加熱した。試験管の内部が赤くなってきたので加熱をやめて，変化のようすを観察した。　32点(各4点)

脱脂綿の栓

鉄粉と硫黄の混合物

(1) 鉄粉と硫黄を混ぜ合わせるのに用いる右の器具あを何というか。　(　　　　　　)

(2) 鉄粉と硫黄の混合物が赤くなってきたとき，加熱をやめるとどうなるか。次の㋐～㋒から選び，記号で答えなさい。

㋐ 反応が止まる。　　㋑ 同じ反応が続く。　　㋒ 別の反応が起こる。　　(　　　)

(3) (2)のようになる理由を，次の㋐～㋒から選び，記号で答えなさい。　(　　　)

㋐ 反応によって水ができ，この水によって冷やされるから。

㋑ 反応によって気体ができ，この気体によって燃え出すから。

㋒ 反応によって熱が出て，この熱によってさらに反応が続くから。

(4) 脱脂綿で栓をしたのはなぜか。理由を答えなさい。　(　　　　　　)

(5) 加熱後にできた物質にうすい塩酸を2，3滴加えると気体が発生した。この気体は何か。次の㋐～㋓から選び，記号で答えなさい。　(　　　)

㋐ 塩化水素　　㋑ 硫化水素　　㋒ 水素　　㋓ 二酸化炭素

(6) 鉄粉と硫黄の混合物にうすい塩酸を2，3滴加えると気体が発生した。この気体は何か。(5)の㋐～㋓から選び，記号で答えなさい。　(　　　)

(7) 加熱後にできた物質ともとの鉄粉と硫黄の混合物に，それぞれ磁石を近づけるとどうなるか。次の㋐～㋓から選び，記号で答えなさい。　(　　　)

㋐ 鉄粉と硫黄の混合物も，加熱後にできた物質も引きつけられた。

㋑ 鉄粉と硫黄の混合物は引きつけられたが，加熱後にできた物質は引きつけられなかった。

㋒ 鉄粉と硫黄の混合物は引きつけられなかったが，加熱後にできた物質は引きつけられた。

㋓ 鉄粉と硫黄の混合物も，加熱後にできた物質も引きつけられなかった。

(8) この実験で見られた鉄と硫黄の化学変化を，化学反応式で表しなさい。

(　　　　　　　　　)

第6日 ステップ1

2年≫粒子（物質）

さまざまな化学変化，化学変化と質量

解答 別冊 p.12

（　）に当てはまる語句や数値を答えよう。

① 酸化

(1) 物質が酸素と結びつくことを（①　　　）といい，できた化合物を（②　　　）という。

(2) 図のように，銅板を空気中で加熱すると酸化して，（③　　　）ができる。

(3) 激しく熱や光を出しながら物質が酸化する変化を（④　　　）という。

(4) マグネシウムを空気中で加熱すると④して，（⑤　　　　　）ができる。

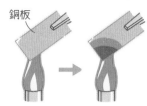

酸化の化学反応式

銅＋酸素 ⟶ 酸化銅
（$2Cu + O_2 \longrightarrow 2CuO$）

マグネシウム＋酸素 ⟶ 酸化マグネシウム
（$2Mg + O_2 \longrightarrow 2MgO$）

② 還元

(1) 酸化物から酸素をとり除く化学変化を（①　　　）という。

(2) 酸化銅と活性炭の混合物を加熱すると，酸化銅が①されて（②　　　）ができ，炭素が酸化されて（③　　　　　）ができる。

(3) 銅線を加熱して，できた酸化銅を水素の中に入れたり出したりすると，酸化銅が①されて（④　　　）ができ，水素が酸化されて（⑤　　　）ができる。

酸化銅と活性炭の混合物→加熱後
銅が残る。

石灰水が白くにごる。
二酸化炭素が発生。

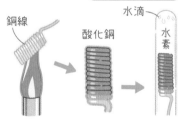

銅線　酸化銅　水滴　水素

③ 化学変化と熱

(1) 熱が発生してまわりの温度が上がる反応を（①　　　）反応，熱を吸収してまわりの温度が下がる反応を（②　　　）反応という。

(2) 鉄粉と活性炭に塩化ナトリウム水溶液（食塩水）を加えて混ぜると，鉄粉が空気中の（③　　　）と結びつき，（④　　　）反応が起こる。

(3) 塩化アンモニウムと水酸化バリウムを混ぜわせると，気体の（⑤　　　　　）が発生し，（⑥　　　）反応が起こる。

半紙　振り混ぜる。　鉄粉と活性炭　塩化ナトリウム水溶液

温度計　ぬれたろ紙　塩化アンモニウムと水酸化バリウム

④ 質量保存の法則

(1) 化学変化の前後で，物質全体の質量は変わらない。
これを（① 　　　　　　　）という。化学変化の
　↑法則名
前後で物質をつくる原子の（② 　　　　　　　）は変
化するが，原子の種類と（③ 　　　　）は変化しない。

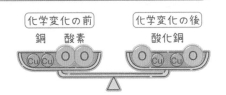

(2) うすい硫酸に水酸化バリウム水溶液を加えると，白
色の（④ 　　　　　　　　）が沈殿し，全体の質量は
反応の前後で変化（⑤ 　　　　　）。

(3) 密閉した容器の中で，うすい塩酸と炭酸水素ナトリ
ウムを反応させると，気体の（⑥ 　　　　　　　）が
発生し，全体の質量は反応の前後で変化
（⑦ 　　　　　）。反応後に容器のふたを開けると，気
体が空気中に出ていくため，質量は（⑧ 　　　　　）。

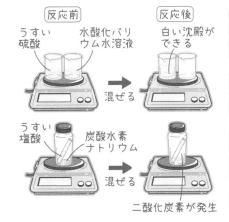

⑤ 化学変化と質量の割合

(1) 銅やマグネシウムを空気中で加熱すると銅は黒色の（① 　　　　　　　）
に，マグネシウムは白色の（② 　　　　　　　　　）になる。
図bのように，結びついた（③ 　　　　）の分だけ質量が
大きくなり，その量には限界が（④ 　　　　）。

銅（マグネシウム）をうすく広げて加熱
図a

(2) 金属（銅とマグネシウム）の質量を変えて，空気中で完全に酸化するまで一定時間の加
熱をくり返す。

❶金属の質量と加熱後の酸化物の質量をグラフにすると，**図c**のようになる。したが
って，金属の質量と加熱後の酸化物の質量は（⑤ 　　　　）の関係にある。

❷金属の質量と結びついた酸素の質量をグラフにすると，**図d**のようになる。したが
って，金属の質量と結びついた酸素の質量は（⑥ 　　　　）の関係にある。

(3) 金属と結びついた酸素の質量の比は，銅：酸素＝（⑦ 　　　　　　），
マグネシウム：酸素＝（⑧ 　　　　　　）となる。このように，化学
変化に関係する物質の質量の比は，つねに（⑨ 　　　　　）になる。

> 銅：酸化銅＝4：5
> マグネシウム：酸化マ
> グネシウム＝3：5

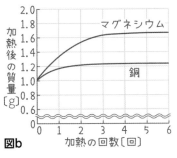
図b

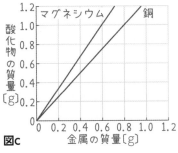
図c

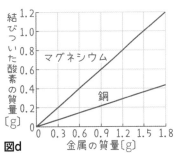
図d

さまざまな化学変化，化学変化と質量

1 酸化銅 0.8 g と活性炭の粉末 0.1 g を乳ばちの中でよ
く混ぜ，図のように試験管に入れた後，じゅうぶんに
加熱した。このとき発生する気体を石灰水の中に通し
た。　　　　　　　　　　　　　　　　　28点(各4点)

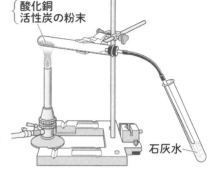

酸化銅
活性炭の粉末

石灰水

(1) 石灰水はどのように変化するか。（　　　　　　　）

(2) 発生した気体は何か。　　　　　　（　　　　　　　）

(3) 試験管に入れた物質の色はどうなるか。次の㋐～㋒
から選び，記号で答えなさい。　　　（　　　　　　　）

　　㋐ 黒色のままである。　　㋑ 赤(茶)色に変わる。　　㋒ 白色に変わる。

(4) 加熱後，酸化銅は何に変化しているか。　　　　　　　　　　　　（　　　　　　　）

(5) 次の文は，この実験で起きた化学変化について説明したものである。（　）に適当な語句を
入れなさい。

　　・酸化銅と炭素の反応では，酸化銅が（①　　　　　　）されて(4)になり，炭素は（②　　　　　）
　　　されて(2)の気体になった。

🆙 (6) この実験で起きた化学変化を化学反応式で表しなさい。（　　　　　　　　　　　　　　　）

2 封筒の中に鉄粉 8 g と活性炭 4 g を入れたものに，食塩水をし
みこませたわら半紙を入れて携帯用かいろをつくる実験をした。
　　　　　　　　　　　　　　　　　　　　　　　　20点(各4点)

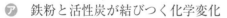

鉄粉　　　　　　活性炭

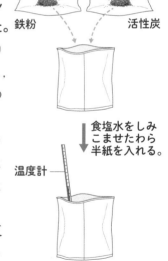

食塩水をしみ
こませたわら
半紙を入れる。

温度計

(1) つくった携帯用かいろをよく振り混ぜてから温度をはかると，
少しずつ温度が上昇していった。これは，かいろの中でどの
ような化学変化が起きているからか。次の㋐～㋔から選び，
記号で答えなさい。　　　　　　　　　　（　　　　　　　）

　　㋐ 鉄粉と活性炭が結びつく化学変化　　　㋑ 鉄粉の酸化

　　㋒ 鉄粉と食塩が結びつく化学変化　　　　㋓ 食塩の酸化

　　㋔ 鉄粉と水が結びつく化学変化

(2) この実験で起こったように，化学変化の際に温度が上がる反
応を何というか。　　　　　　　　　　　（　　　　　　　）

🆙 (3) 市販の携帯用かいろは，外袋を開ける前はあたたかくならず，外袋を開けるとあたたかく
なる。外袋を開ける前にあたたかくならない理由を簡単に書きなさい。

　　（　　　　　　　　　　　　　　　　　　　　　　　　　　　　　　　　　　　　　　）

(4) 次の操作をすると，発熱反応，吸熱反応のどちらが起こるか。

　　❶ 塩化アンモニウムと水酸化バリウムを混ぜ合わせる。　　　　（　　　　　　　）

　　❷ 酸化カルシウム(生石灰)に水を加えて混ぜる。　　　　　　　（　　　　　　　）

3 図1のような密閉した容器にうすい塩酸と炭酸水素ナトリウムを入れて質量をはかると，95.0 gであった。次に，容器を傾けてうすい塩酸と炭酸水素ナトリウムを反応させ，ふたたび質量をはかった。 　　　　12点(各3点)

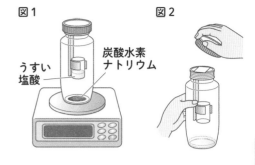

図1　図2

うすい塩酸　炭酸水素ナトリウム

(1) 反応後の容器全体の質量はどのようになるか。次の⑦～⑦から選び，記号で答えなさい。

（　　　）

⑦ 95.0 gより小さくなる。　⑦ 95.0 gになる。　⑦ 95.0 gより大きくなる。

(2) (1)の結果になる理由を，次の⑦～⑦から選び，記号で答えなさい。　　　　（　　　）

⑦ 炭酸水素ナトリウムがとけたので，その分質量が減少した。

⑦ 密閉してあるので，発生した気体が空気中に逃げず，質量は変わらなかった。

⑦ 気体が発生したので，その分質量が増加した。

(3) 反応後，**図2**のように容器のふたを開け，しばらくしてからふたたびふたをした。容器全体の質量はどのようになるか。次の⑦～⑦から選び，記号で答えなさい。　（　　　）

⑦ 95.0 gより小さくなる。　　　⑦ 95.0 gになる。　　　⑦ 95.0 gより大きくなる。

(4) (3)のような結果になるのはどうしてか。

（　　　　　　　　　　　　　　　　　　　　　　　　　　）

4 銅の粉末をステンレスの皿にのせ，空気中でじゅうぶんに加熱した。この操作を銅の質量を変えて行い，それぞれ加熱の前後で質量を調べ，図のようなグラフを得た。　40点(各4点)

(1) 銅の粉末をじゅうぶんに加熱したときにできる生成物は何か。物質名と化学式を答えなさい。

物質名（　　　　）　化学式（　　　　）

(2) 生成物の色は何色か。　　　　　　　　　（　　　　）

(3) グラフより，銅の質量と生成物の質量の間には，どのような関係があるといえるか。　　　（　　　　）

(4) 2.0 gの銅の粉末をじゅうぶんに加熱すると，生成物は何gになるか。　（　　　g）

(5) (4)のとき，銅は何gの酸素と結びついたことになるか。　（　　　g）

(6) 4.0 gの銅の粉末をじゅうぶんに加熱すると，生成物は何gになると予想できるか。

（　　　g）

(7) 銅の質量と，銅と結びつく酸素の質量の比はいくらか。

銅の質量：酸素の質量＝（　　　　　　）

(8) 銅の粉末をじゅうぶんに加熱したときにできる(1)の物質の化学式では，銅原子1個と結びついている酸素原子の個数は何個であることを示しているか。　（　　　個）

(9) (7)と(8)から，銅原子1個の質量は，酸素原子1個の質量の何倍と考えられるか。

（　　　倍）

2 年 » 生命

生物の体のつくりとはたらき

解答 別冊 p.14

( )に当てはまる語句を答えよう。

① 細胞のつくり

(1) 植物の細胞と動物の細胞は，共通して１つの
（① 　　　）とそのまわりの細胞質からなり，そ
の外側は（② 　　　）で包まれている。

(2) 植物の細胞にしか見られないつくりは，細胞壁，
（③ 　　　），液胞である。

(3) 多細胞生物は，細胞が集まって（④ 　　　）をつくり，④が集まって（⑤ 　　　）
をつくり，⑤が集まって個体をつくる。

② 光合成と呼吸

(1) 光合成は，細胞の中の（① 　　　）が光を
受けて，水と（② 　　　）から，デン
プンをつくり出すはたらきである。このとき，
（③ 　　　）も発生する。

(2) 植物は，昼だけ光合成を行うが，昼も夜もた
えず（④ 　　　）を行っている。

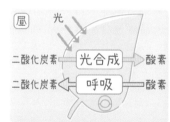

(3) 昼は，呼吸より光合成によって
出入りする気体の量のほうが
（⑤ 　　　）いので，光合成だけ
が行われているように見える。

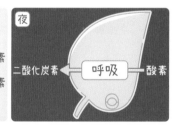

③ 根・茎・葉のつくり

(1) 根は体を支えるはたらきとともに，水や水にとけた物質
を吸収するはたらきがある。
根から吸収した水や水にとけた物質が通る管を
（① 　　　）といい，葉でつくられた有機物が通る管を
（② 　　　）という。

(2) ①や②が集まっている部分を（③ 　　　）という。茎で
は，輪状のもの（A）や散らばっているもの（B）がある。

(3) 葉の表皮には，三日月形の細胞に囲まれた（④ 　　　）
というすきまがあり，根から吸い上げられた水は④から
水蒸気として出ていく。これを（⑤ 　　　）という。

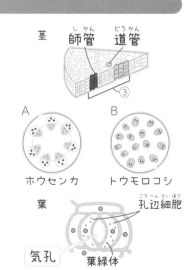

④ 生命を維持するはたらき

(1) 1本の管になっている食物の通り道を（① 　　　　）という。

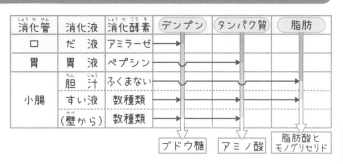

消化管	消化液	消化酵素	デンプン	タンパク質	脂肪
口	だ液	アミラーゼ	→		
胃	胃液	ペプシン		→	
小腸	胆汁	ふくまない			→
	すい液	数種類	→	→	→
	（壁から）	数種類	→	→	

ブドウ糖　アミノ酸　脂肪酸とモノグリセリド

(2) 食物は，消化液にふくまれている（② 　　　　　　）のはたらきにより分解される。

(3) 消化された(栄)養分は，小腸の内側の壁に多数ある（③ 　　　　）から吸収される。

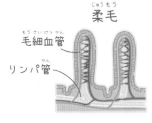

柔毛

毛細血管
リンパ管

(栄)養分の吸収

柔毛から吸収される(栄)養分のうち，ブドウ糖とアミノ酸は毛細血管内に，脂肪酸とモノグリセリドはふたたび脂肪となり，リンパ管に吸収される。

(4) 血液は，（④ 　　　）でとり入れた酸素を全身の（⑤ 　　　　）へ送る。血液の成分には，固形の（⑥ 　　　　），白血球，血小板と，液体の（⑦ 　　　　　　）がある。

(5) 血液の循環には，心臓から肺を通って心臓へもどる（⑧ 　　　　　）と，心臓から肺以外の全身をめぐって心臓へもどる（⑨ 　　　　）がある。

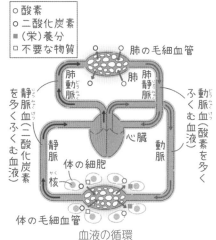

○ 酸素
○ 二酸化炭素
■ (栄)養分
□ 不要な物質

肺の毛細血管
肺動脈　肺静脈
動脈血(酸素を多くふくむ血液)
静脈血(二酸化炭素を多くふくむ血液)
心臓
静脈　動脈
体の細胞
核
体の毛細血管
血液の循環

(6) 細胞が，肺からとり入れた（⑩ 　　　　）を使って，(栄)養分を（⑪ 　　　　　　）と水に分解し，エネルギーをとり出すことを（⑫ 　　　　　）という。

(7) 肺の気管支の先にある小さな袋を（⑬ 　　　　）といい，ここで（⑭ 　　　　）と二酸化炭素の交換をしている。

(8) 腎臓で，血液から（⑮ 　　　　）などの不要な物質がこしとられ，一時，ぼうこうにためられてから，（⑯ 　　　）として排出される。

⑤ 感覚と運動のしくみ

(1) 感覚器官で受けとった刺激は，図のように脳に伝わり，反応が起こる。脳や脊髄を（① 　　　　　　），感覚神経や運動神経を（② 　　　　　　　）という。

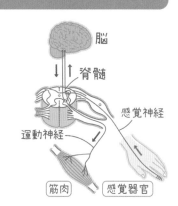

脳
脊髄
感覚神経
運動神経
筋肉　感覚器官

(2) 刺激に対して無意識に起こる反応を（③ 　　　　）といい，（④ 　　　　）で命令が出される。

(3) 骨格と（⑤ 　　　　）が協同してはたらいて，運動ができる。

(4) 筋肉と骨は（⑥ 　　　　）でつながり，骨と骨のつなぎ目を（⑦ 　　　　）という。

第7日

生物の体のつくりとはたらき

時間 30 分　目標 70 点　得点　　点

解答 別冊 p.15

1 図は，植物と動物の細胞のつくりの模式図である。これについて，次の問いに答えなさい。　18点(各3点)

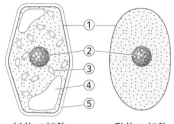

植物の細胞　　動物の細胞

(1) 植物の細胞と動物の細胞に共通している①，②をそれぞれ何というか。名称を書きなさい。

①(　　　　　)　　②(　　　　　)

(2) 植物の細胞にだけある③，④，⑤をそれぞれ何というか。名称を書きなさい。

③(　　　　　)　　④(　　　　　)　　⑤(　　　　　)

(3) ⑤の役割は何か。　(　　　　　　　　　　　　　　　)

2 植物の緑色の葉に光が当たってできる物質を図のような実験によって調べた。これについて，次の問いに答えなさい。

光　アルミニウムはく　あ　90℃の湯　薬品A　ヨウ素(溶)液

12点(各3点)

(1) あで葉を90℃の湯につけるのはなぜか。　(　　　　　　　　　　)

(2) 湯につけた後，用いた薬品Aは何か。　(　　　　　　)

(3) 葉を薬品Aにつけた後，水にひたして軽くすすぎ，ヨウ素(溶)液をかけた結果，青紫色になった部分は葉のどこか。次のア～ウから選び，記号で答えなさい。　(　　　)

㋐ アルミニウムはくでおおわなかった部分　㋑ アルミニウムはくでおおった部分
㋒ 葉全体

(4) この実験から，葉に光が当たると何ができることがわかるか。　(　　　　　)

3 図のA・Bは，ホウセンカとトウモロコシの茎の断面を示している。これについて，次の問いに答えなさい。　21点(各3点)

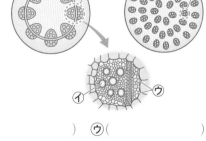

(1) ホウセンカの茎の断面は，A，Bのどちらか。　(　　　)

(2) Aの㋐の部分には，2種類の管(茎の中心側に㋑，外側に㋒)が集まっていた。㋐～㋒の名称を書きなさい。　㋐(　　　　)　㋑(　　　　)　㋒(　　　　)

(3) 根から吸収した水は，㋑と㋒のどちらの管を通るか。　(　　　)

(4) Aのように，㋐が輪のように並んでいる植物を，次のア～エから2つ選び，記号で答えなさい。　(　　　)と(　　　)

㋐ アブラナ　㋑ ムラサキツユクサ　㋒ ユリ　㋓ ヒメジョオン

4 だ液のはたらきを調べるために，次のような実験を行った。下の問いに答えなさい。　　　　　　　　　　　　　　　　　　10点(各2点)

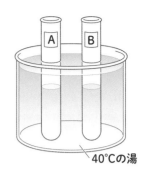

うすいデンプンの液を試験管A，Bに10 cm³ずつとり，Aには水でうすめただ液を，Bには水を2 cm³ずつ加えて，40℃の湯に5分間つけた。その後，A，Bの液をそれぞれ半分に分け，一方にはヨウ素(溶)液を入れ，他方にはベネジクト(溶)液を加えた。

(1) ヨウ素(溶)液とベネジクト(溶)液は，それぞれ何という物質を調べるために使われたのか。

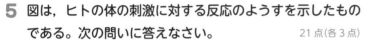

ヨウ素(溶)液(　　　　　　)　　ベネジクト(溶)液(　　　　)

(2) ヨウ素(溶)液での反応が強く見られたのは，A・Bのどちらか。　　(　　　)

(3) ベネジクト(溶)液での反応が強く見られたのは，A・Bのどちらか。　　(　　　)

(4) (2)，(3)の結果から，だ液にはどのようなはたらきがあると考えられるか。

(　　　　　　　　　　　　　　　　　)

5 図は，ヒトの体の刺激に対する反応のようすを示したものである。次の問いに答えなさい。　　　　　　　　　　21点(各3点)

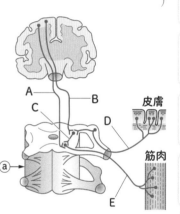

(1) 図のD・Eの神経をそれぞれ何というか。

D(　　　　　　)　　E(　　　　　　)

(2) 図の@の部分の名称を書きなさい。　(　　　　　　)

(3) 脳や@の部分に対して，DやEの神経は何とよばれているか。　　(　　　　　　)

(4) 次の❶〜❸の反応の刺激が伝わる道すじを，図のA〜Eから選び，順に並べなさい。

❶ 熱いものにさわって，熱いと感じる。　　(　　　　　　)

❷ 熱いものにさわって，思わず手を引っこめた。　(　　　　　　)

❸ 熱いものにさわって，熱いと感じたので，すぐに手を冷たい水で冷やした。

(　　　　　　)

6 図は，ヒトの血液の循環を模式図に表したものである。これについて，次の問いに答えなさい。　　　　　18点(各2点)

(1) 図の@〜@の血管の名称を書きなさい。

@(　　　　　　)　ⓑ(　　　　　　)

ⓒ(　　　　　　)　ⓓ(　　　　　　)

(2) 図中の血液の流れを示している矢印の---▶は，何とよばれる循環か。名称を書きなさい。

(　　　　　　)

(3) 図の⑦〜⑳は，物質の移動を表している。⑦〜⑳に当たるものを，次の❶〜❹から選んで，記号で答えなさい。

⑦(　　　)　④(　　　)　⑦(　　　)　⑳(　　　)

❶ 二酸化炭素　　❷ 酸素　　❸ 二酸化炭素や不要な物質　　❹ 酸素や(栄)養分

2年 »地球

気象とその変化

( )に当てはまる語句や数値を答えよう。

① 大気の中ではたらく力，気象観測

(1) 一定面積の面を垂直におす力の大きさを（① ＿＿＿＿＿）
といい，大気による①を（② ＿＿＿＿＿）という。
海面と同じ高さのところの②を 1 気圧とよび，約（③ ＿＿＿＿＿）hPa である。
↑単位は，hPa（ヘクトパスカル）

$$圧力〔Pa〕 = \frac{力の大きさ〔N〕}{力がはたらく面積〔m^2〕}$$

(2) 天気，風向，風力は，記号で表す。
右図の場合，天気は（④ ＿＿＿＿＿），
風向は（⑤ ＿＿＿＿＿），
風力は（⑥ ＿＿＿）である。

風向⇨矢の向き
天気
風力⇨矢羽根の数

おもな天気記号
快晴…○（雲量 0 ～ 1）
晴れ…① （雲量 2 ～ 8）
くもり◎（雲量 9 ～ 10）
雨…●
雪…⊗
雷…◓

(3) 湿度は，乾湿計（乾球温度計と湿球温度計）の示度から
（⑦ ＿＿＿＿＿）を用いて求める。
↑表の名称

② 水蒸気量と雲や霧の発生

(1) 空気 1 m³ 中にふくむことができる水蒸気の最大量を
（① ＿＿＿＿＿＿＿＿＿＿）という。図のように，①は，
温度が高いほど（② ＿＿＿＿＿）なる。

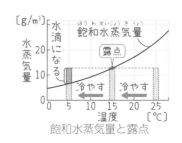

飽和水蒸気量と露点

(2) 空気中の水蒸気量が飽和水蒸気量と同じときの温度を
（③ ＿＿＿＿＿）という。空気中の水蒸気が冷やされて
（④ ＿＿＿＿＿）になりはじめるときの温度でもある。

(3) 空気の湿り度合いを百分率で表し
たものを（⑤ ＿＿＿＿＿）という。

$$湿度〔\%〕 = \frac{空気 1 m^3 中にふくまれる水蒸気量〔g/m^3〕}{その温度での飽和水蒸気量〔g/m^3〕} \times 100$$

(4) 上昇する空気の動きを（⑥ ＿＿＿＿＿），下降する空気
の動きを（⑦ ＿＿＿＿＿）という。

(5) 空気は上昇すると，上空は気圧が低いため（⑧ ＿＿＿＿＿）
し，温度は下がり，やがて空気中の水蒸気の一部が水滴
や氷の粒になる。これが（⑨ ＿＿＿）である。

(6) 空気中の水蒸気が冷やされて水滴となり，地表付近に浮
かんだものが（⑩ ＿＿＿）である。

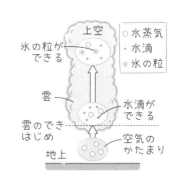

上空
氷の粒が
できる
○水蒸気
・水滴
＊氷の粒
雲
水滴が
できる
雲のでき
はじめ
空気の
かたまり
地上

❸ 気圧配置と風，前線の通過と天気の変化

(1) まわりより気圧が高いところを（① 　　　　），まわりより気圧が低いところを
（② 　　　　　）という。

(2) 高気圧の中心付近では，風が時計
回りにふき出すため（③ 　　　）
気流が生じる。低気圧の中心付近
では，反時計回りに風がふきこむため（④ 　　　）気流が生じる。

> **等圧線と風**
> 地上の気圧が等しいところを結んだ線を等圧線という。等圧線の間隔がせまいほど風は強くなる。

(3) 温帯低気圧では，西側に（⑤ 　　　）前線，東側に
（⑥ 　　　　）前線をともなう。

(4) 寒冷前線付近では，積乱雲などが発達し，
（⑦ 　　　　　）範囲に強い雨が降り，通過後は気温
が（⑧ 　　　　）。

(5) 温暖前線付近では，乱層雲などが発達し，広い範囲
に（⑨ 　　　）雨が降り，通過後は気温が
（⑩ 　　　　）。

❹ 大気の動きと日本の天気の特徴

(1) 晴れた日の昼に，海上より陸上の気温が高く，陸上の
気圧が低くなることでふく，海から陸に向かう風を
（① 　　　）という。晴れた日の夜に，海上より陸上
の気温が低く，陸上の気圧が高くなることでふく，陸
から海に向かう風を（② 　　　）という。

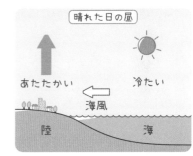

(2) 季節に特徴的な風を（③ 　　　　）といい，日本列島
付近では冬は北西，夏は南東の風になる。

(3) 1年中，日本付近の上空にふく西よりの（④ 　　　　）
のため，春や秋は，低気圧や移動性高気圧が移動し，
天気は（⑤ 　　　）から（⑥ 　　　）へ変化しやすい。

(4) 冬は，（⑦ 　　　　　）気団が発達し，（⑧ 　　　　　）
（冬型）の気圧配置となり，日本海側は雪，太
平洋側は（⑨ 　　　　）て乾燥しやすい。

> **台風**
> 南の海上で発生し，夏から秋にかけて日本付近に近づく発達した熱帯低気圧を台風という。大雨によって洪水が起こったり，強風によって建物が壊れたりする。

(5) 夏は，（⑩ 　　　　　）気団が発達し，晴れて蒸
し暑い天気になりやすい。

(6) つゆ(梅雨)は，小笠原気団と（⑪ 　　　　　）
気団の間に梅雨前線（停滞前線）ができて，雨が多くなる。

気象とその変化

解答 別冊 p.17

1 図のような，質量が960gの直方体の物体がある。ただし，100gの物体にはたらく重力の大きさを1Nとする。　12点(各4点)

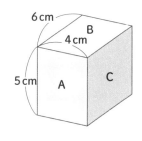

(1) Aの面が下になるように机に置いたとき，物体が机を押す力は何Nか。　　　　　　　　（　　　　）

(2) (1)のとき，机が物体から受ける圧力は何Paか。
　　　　　　　　　　　　　　　　　　　　　　　　　（　　　　）

(3) 机が物体から受ける圧力がもっとも小さくなるのは，A〜Cのどの面を下にして机に置いたときか。　　　　　　　　　　　　　（　　　　）

2 天気について，次の問いに答えなさい。　4点(各2点)

(1) 快晴は，空全体に対する雲の面積の割合(雲量)が何から何のときか。　（　　　　）

(2) 快晴の天気記号はどれか。次の⑦〜エから選び，記号で答えなさい。　（　　　　）
　⑦ ◎　　　④ ●
　⑦ ○　　　エ ①

3 図1は，空気が上昇して雲ができるようすを表している。

24点(各3点)

(1) ⑦〜⑦の空気のかたまりで，もっとも温度が低いものはどれか。　　　　　　　　　　　　　　　（　　　　）

(2) 雲ができはじめた高さは，A〜Dのうちのどれか。
　　　　　　　　　　　　　　　　　　　　　　　　　（　　　　）

(3) (2)の高さのとき，空気中の水蒸気量は何に達したといえるか。　　　　　　　　　　　　　　　　（　　　　）

 (4) ⑦〜⑦の空気のうち，湿度が100%であるものをすべて選び，記号で答えなさい。　　　　　（　　　　）

 (5) 地上での温度が30℃，1m³中の水蒸気量が20gの空気がある。この空気の湿度を小数第一位を四捨五入して求めなさい。また，この空気が上昇して雲ができはじめる温度はおよそ何℃か。次の⑦〜エから選び，記号で答えなさい。
　⑦ 15℃　　④ 20℃　　⑦ 23℃　　エ 30℃　　　湿度（　　　）　温度（　　　）

(6) 地上での温度が25℃，1m³中の水蒸気量が20gの空気がある。この空気と(5)の空気とでは，雲ができはじめる温度は等しいか，異なるか。　（　　　　）

(7) 空気のかたまりが，大気中を上昇するときのようすを正しく述べているものは，次の◎〜◎のどれか。記号で答えなさい。　（　　　　）
　◎ 膨張して温度が下がる。　　◎ おし縮められて温度が下がる。
　◎ 膨張して温度が上がる。　　◎ おし縮められて温度が上がる。

図1

図2

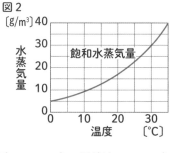

4 図1はある地点の1日の気温・気圧・天気・風向・風力の変化を表したものである。また，図2は，その日の20時の天気図である。　24点(各4点)

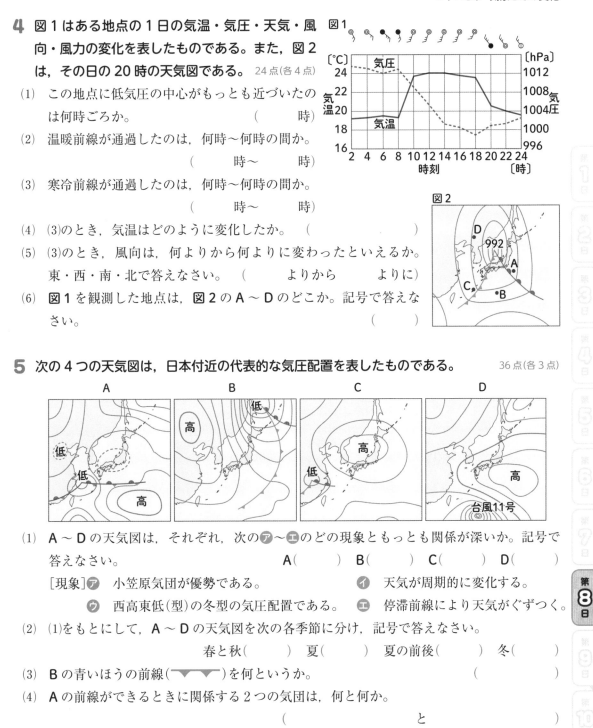

図1

図2

(1) この地点に低気圧の中心がもっとも近づいたのは何時ごろか。　（　　　時）

(2) 温暖前線が通過したのは，何時～何時の間か。
　　　　　　　　　　　　（　　　時～　　　時）

(3) 寒冷前線が通過したのは，何時～何時の間か。
　　　　　　　　　　　　（　　　時～　　　時）

(4) (3)のとき，気温はどのように変化したか。　（　　　　　　　　　　　）

(5) (3)のとき，風向は，何よりから何よりに変わったといえるか。東・西・南・北で答えなさい。　（　　　よりから　　　よりに）

(6) 図1を観測した地点は，図2のA～Dのどこか。記号で答えなさい。　（　　　　　）

5 次の4つの天気図は，日本付近の代表的な気圧配置を表したものである。　36点(各3点)

A　　　　　　　　B　　　　　　　　C　　　　　　　　D

(1) A～Dの天気図は，それぞれ，次のア～エのどの現象ともっとも関係が深いか。記号で答えなさい。　A（　　　）　B（　　　）　C（　　　）　D（　　　）

　　[現象] ㋐　小笠原気団が優勢である。　　　　　㋑　天気が周期的に変化する。
　　　　　 ㋒　西高東低(型)の冬型の気圧配置である。　㋓　停滞前線により天気がぐずつく。

(2) (1)をもとにして，A～Dの天気図を次の各季節に分け，記号で答えなさい。
　　　　　　　春と秋（　　　）　夏（　　　）　夏の前後（　　　）　冬（　　　）

(3) Bの青いほうの前線（▼▼▼）を何というか。　（　　　　　　　　　　）

(4) Aの前線ができるときに関係する2つの気団は，何と何か。
　　　　　　　　　　　　（　　　　　　　と　　　　　　　）

(5) Cのころ，日本付近を低気圧と交互に通過する高気圧を何というか。（　　　　　　）

(6) 台風について，次の文のうち適するものをア～エから選び，記号で答えなさい。（　　　）

　　㋐　熱帯低気圧は北の海上で発生する。

　　㋑　最大風速が17.2 m/s以上の熱帯低気圧を台風という。

　　㋒　台風によってもたらされる恵みはない。

　　㋓　台風は冬から春にかけて多く日本に近づく。

第**9**日

ステップ**1**

2年》エネルギー

電流

月 / 日

解答 別冊 p.18

（　）に当てはまる語句や数値，記号を答えよう。

1 回路と電流・電圧

(1) 電流が流れる道すじを（①　　　　）といい，電気用図記号を使って表した①の図を（②　　　　）という。

(2) **図a**のような，電流の道すじが1本の回路を（③　　　　）という。

・各部に流れる電流 I，I_1，I_2，I_3 の大きさの関係は，$I=$（④　　　　）となる。

・各部に加わる電圧 V，V_1，V_2 の大きさの関係は，$V=$（⑤　　　　）となる。

(3) **図b**のような，電流の道すじがとちゅうで枝分かれする回路を（⑥　　　　）という。

・各部に流れる電流 I，I_1，I_2 の大きさの関係は，$I=$（⑦　　　　）となる。

・各部に加わる電圧 V，V_1，V_2 の大きさの関係は，$V=$（⑧　　　　）となる。

(4) 電流計は回路に（⑨　　　　）につなぎ，電圧計は回路に（⑩　　　　）につなぐ。

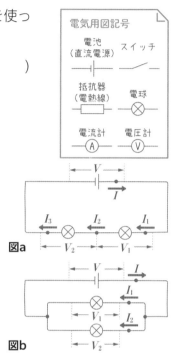

電気用図記号

電池（直流電源）　スイッチ

抵抗器（電熱線）　電球

電流計　電圧計

図a

図b

2 電流・電圧と抵抗

(1) 電流の流れにくさを表す量を（①　　　　）といい，単位には（②　　　　）（Ω）を使う。

(2) 抵抗器などを流れる電流の大きさは，それに加わる電圧の大きさに（③　　　　）する。これを，（④　　　　）という。**図a**の，電流 I，電圧 V，電気抵抗 R の関係は，$V=$（⑤　　　　）となる。

(3) **図b**のような，直列回路全体の電気抵抗 R と，R_1，R_2 の関係は，$R=$（⑥　　　　）となる。

(4) **図c**のような，並列回路全体の電気抵抗 R と，R_1，R_2 の関係は，$\dfrac{1}{R}=$（⑦　　　　）となる。

(5) 金属などのように，電気抵抗が小さく，電流が流れやすい物質を（⑧　　　　），ガラスやゴムなどのように，電気抵抗が大きく，電流がほとんど流れない物質を（⑨　　　　）という。

図a

図b

図c

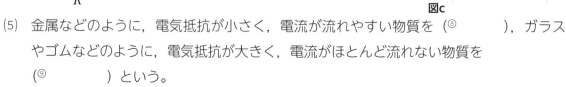

❸ 電気とそのエネルギー

(1) 電流が一定時間にはたらく能力の大小を表す量のことを（①　　　　　）という。①の単位には，（②　　　　　）（W）を使う。①は，電流と電圧の（③　　）で表される。
↑和, 差, 積, 商

(2) 水の質量が一定なら，水の温度上昇は加えた（④　　　　　）に比例する。④の単位には，（⑤　　　　　）（J）を使う。電流による発熱量は，電力と時間の（⑥　　）で表される。
↑和, 差, 積, 商

(3) 電流によって消費した電気エネルギーの量を（⑦　　　　　）という。⑦の単位には，（⑧　　　　　）（J）を使う。⑦は，電力と時間の（⑨　　）で表される。
↑和, 差, 積, 商

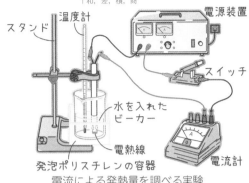

電流による発熱量を調べる実験

電力〔W〕＝電圧〔V〕×電流〔A〕
電流による発熱量〔J〕＝電力〔W〕×時間〔s〕
電力量〔J〕＝電力〔W〕×時間〔s〕

❹ 電流の正体

(1) ちがう種類の物質を摩擦したときに発生する電気を（①　　　　　）という。

(2) 同じ種類（＋と＋，－と－）の電気は（②　　　　　）合い，ちがう種類（＋と－）の電気は（③　　　　）合う。

(3) 電気が空間を移動したり，たまっていた電気が流れ出したりする現象を（④　　　　）といい，真空中で起こる場合を（⑤　　　　　）という。

ストローをティッシュペーパーでこすると，ストローには－の電気，ティッシュペーパーには＋の電気がたまる。

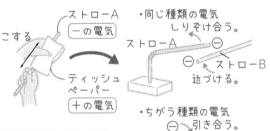

・同じ種類の電気 しりぞけ合う。

・ちがう種類の電気 引き合う。

ストローBをティッシュペーパーでこすり，ストローB，ティッシュペーパーをそれぞれストローAに近づける。

(4) 図のように，放電管の蛍光板に見られる光の線を（⑥　　　　　）という。⑥は，－極から＋極へ流れる（⑦　　　　）の流れである。

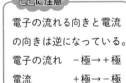
放電管

ここに注意
電子の流れる向きと電流の向きは逆になっている。
電子の流れ　－極→＋極
電流　　　　＋極→－極

(5) ⑦は，非常に小さな質量をもち，（⑧　　　）の電気をもっている。したがって，図の⑥は，電極（⑨　　　）のほうへ曲がっている。
↓記号で答える。

(6) α線，β線，γ線，Ｘ線などの種類があり，物質を透過する性質があるものを（⑩　　　　）といい，⑩を出す物質を（⑪　　　　　）という。

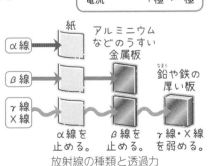
放射線の種類と透過力

2年 ≫ エネルギー

電流

時間 30 分　目標 70 点　得点　　　点

解答 別冊 p.19

1 図は，乾電池，スイッチ，2個の豆電球を使った回路である。 8点(各2点)

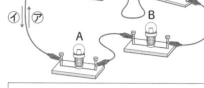

(1) 図のような回路を，豆電球の何回路というか。
（　　　　　　　）

(2) 図の回路で，電流の流れる向きは㋐，㋑のどちらか。
（　　　　　　　）

(3) 図の回路で，Aの豆電球が切れているとき，Bの豆電球は点灯するか。　（　　　　　　　）

(4) 図の回路を電気用図記号を使って，右に回路図として表しなさい。

2 図1は6.0 Vの電源に3個のちがう豆電球をつないだ回路，図2は2個のちがう豆電球をつないだ回路である。 42点(各3点)

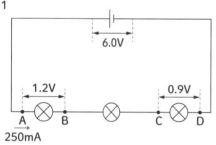

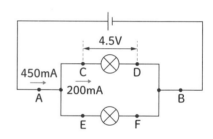

(1) 図1において，A点を流れる電流の大きさをはかったところ，250 mAであった。B点，C点，D点を流れる電流の大きさは，それぞれ何mAか。
B点（　　　mA）　C点（　　　mA）　D点（　　　mA）

(2) 図2において，C点と同じ大きさの電流が流れているのは，A〜F点のどの点か。
（　　　　　　　）

(3) 図2において，E点と同じ大きさの電流が流れているのは，A〜F点のどの点か。
（　　　　　　　）

(4) 図2において，A点を流れる電流の大きさが450 mA，C点を流れる電流の大きさが200 mAであったとすると，B点，D点，E点を流れる電流の大きさは，それぞれ何mAか。
B点（　　　mA）　D点（　　　mA）　E点（　　　mA）

(5) 図1において，AB間の電圧が1.2 V，CD間の電圧が0.9 Vのとき，AC間，BD間，BC間の電圧は，それぞれ何Vか。
AC間（　　　V）　BD間（　　　V）　BC間（　　　V）

(6) 図2において，CD間の電圧が4.5 Vのとき，EF間，AB間，電源の電圧は，それぞれ何Vか。　EF間（　　　V）　AB間（　　　V）　電源（　　　V）

38

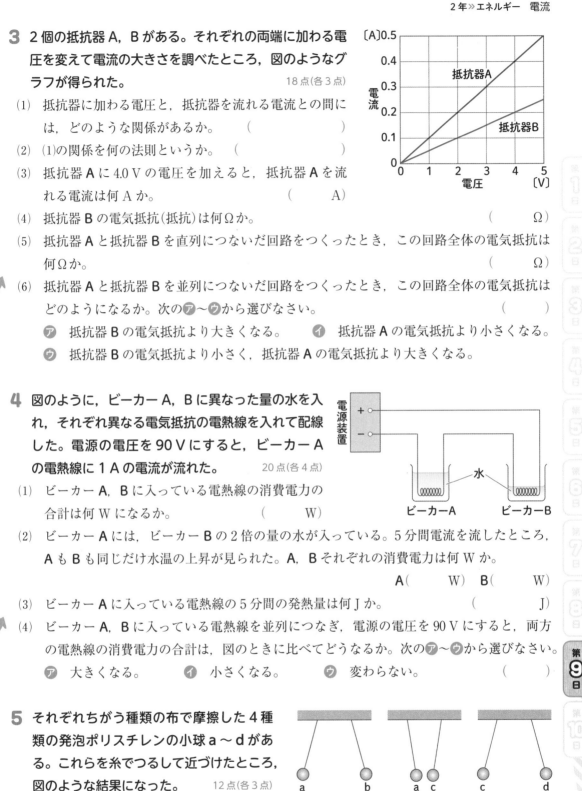

3 2個の抵抗器A，Bがある。それぞれの両端に加わる電圧を変えて電流の大きさを調べたところ，図のようなグラフが得られた。　18点(各3点)

(1) 抵抗器に加わる電圧と，抵抗器を流れる電流との間には，どのような関係があるか。　（　　　　　　）

(2) (1)の関係を何の法則というか。　（　　　　　　）

(3) 抵抗器Aに4.0Vの電圧を加えると，抵抗器Aを流れる電流は何Aか。　（　　　A）

(4) 抵抗器Bの電気抵抗(抵抗)は何Ωか。　（　　　Ω）

(5) 抵抗器Aと抵抗器Bを直列につないだ回路をつくったとき，この回路全体の電気抵抗は何Ωか。　（　　　Ω）

(6) 抵抗器Aと抵抗器Bを並列につないだ回路をつくったとき，この回路全体の電気抵抗はどのようになるか。次のア～ウから選びなさい。　（　　　）

　　ア　抵抗器Bの電気抵抗より大きくなる。　　イ　抵抗器Aの電気抵抗より小さくなる。
　　ウ　抵抗器Bの電気抵抗より小さく，抵抗器Aの電気抵抗より大きくなる。

4 図のように，ビーカーA，Bに異なった量の水を入れ，それぞれ異なる電気抵抗の電熱線を入れて配線した。電源の電圧を90Vにすると，ビーカーAの電熱線に1Aの電流が流れた。　20点(各4点)

(1) ビーカーA，Bに入っている電熱線の消費電力の合計は何Wになるか。　（　　　W）

(2) ビーカーAには，ビーカーBの2倍の量の水が入っている。5分間電流を流したところ，AもBも同じだけ水温の上昇が見られた。A，Bそれぞれの消費電力は何Wか。
　　　　　　　　　　A(　　　W)　B(　　　W)

(3) ビーカーAに入っている電熱線の5分間の発熱量は何Jか。　（　　　J）

(4) ビーカーA，Bに入っている電熱線を並列につなぎ，電源の電圧を90Vにすると，両方の電熱線の消費電力の合計は，図のときに比べてどうなるか。次のア～ウから選びなさい。
　　ア　大きくなる。　　イ　小さくなる。　　ウ　変わらない。　（　　　）

5 それぞれちがう種類の布で摩擦した4種類の発泡ポリスチレンの小球a～dがある。これらを糸でつるして近づけたところ，図のような結果になった。　12点(各3点)

(1) 小球aとbが帯びている電気は，同じ種類か，ちがう種類か。　（　　　　　　）

(2) 小球aとcが帯びている電気は，同じ種類か，ちがう種類か。　（　　　　　　）

(3) 小球bとcを近づけると，どのような現象が見られるか。　（　　　　　　）

(4) 小球aとdを近づけると，どのような現象が見られるか。　（　　　　　　）

2年≫エネルギー

電流と磁界

月 日

解答 別冊 p.20

（　）に当てはまる語句や記号を答えよう。

① 磁界

(1) 磁石による力を（①　　　　）といい，①
がはたらく空間を（②　　　　）という。

(2) 方位磁針を②の中に置いたときN極が
さす向きを（③　　　　　）という。

(3) **図a**のような，磁界の向きにそってか
いた線を（④　　　　　）といい，その向
きは磁石の（⑤　　）極から出て
（⑥　　）極へ向かう向きである。

(4) 導線に電流を流すと，**図b**のように，
右ねじを回す向きに（⑦　　　　）ができ
る。

(5) コイルに電流を流すと，**図c**のように
（⑧　　　　）ができる。

(6) 電流による磁界の向きを逆にするには，（⑨　　　　）の向
きを逆にする。コイルに流れる電流がつくる磁界を強くす
るには，電流を（⑩　　　　）したり，コイルの巻数をふ
やしたりする。

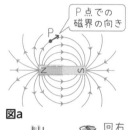

図a

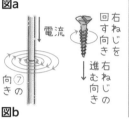

図b

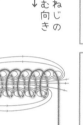

図c

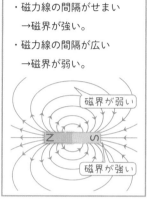

磁界の強さ
・磁力線の間隔がせまい
　→磁界が強い。
・磁力線の間隔が広い
　→磁界が弱い。

磁界が弱い

磁界が強い

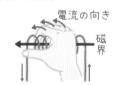

コイルによる磁界の向き
右手の4本の指の向きを電
流の向きに合わせてコイル
をにぎったとき，親指の向
きがコイルの内側の磁界の
向きになる。

電流の向き

磁界

② 電流が磁界から受ける力

(1) 図のように，磁界の中に置いた導線に電流を流すと，電流に
（①　　）がはたらき，導線が動く。

(2) 電流か磁石による磁界のどちらかの向きを逆にすると，力の向き
は（②　　）になる。また，電流を大きくしたり磁石による磁界
を強くしたりすると，力の大きさは（③　　　　）なる。

(3) （④　　　　　）は，電流が磁界から受ける力を利用して，コイ
ルが同じ向きに回転するようにした装置である。

(4) ④が同じ向きに回転し続けるのは，ブラシと（⑤　　　　）のは
たらきで，半回転ごとに電流の向きが切りかえられるからである。

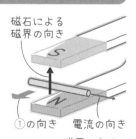

磁石による
磁界の向き

①の向き　電流の向き

磁界の向き

力

整流子

ブラシ

電流の向き

❸ 電磁誘導

(1) コイルの中の磁界を変化させるとコイルに電流が流れる現象を
（①　　　　　）といい，このとき流れる電流を（②　　　　　）
という。

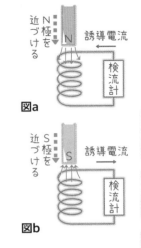

図a

図b

(2) ②を大きくするには，次の方法がある。
　　・磁石を（③　　　　）動かす。（コイルの中の磁界を（④　　　　）
　　　変化させる。）
　　・磁力の（⑤　　　　）磁石に変える。
　　・コイルの巻数を（⑥　　　　　　）。

(3) コイルに棒磁石のN極を近づけると，図aのように電流が流れ
た。コイルからN極を遠ざけると，図aと（⑦　　　）向きの電
流が流れる。

ここに注意
棒磁石とコイルの両方を静止さ
せたときには，コイルの中の磁
界が変化しないので，誘導電流
は流れない。

(4) コイルに棒磁石のS極を近づけると，図bのように電
流が流れた。コイルからS極を遠ざけると，図bと
（⑧　　　）向きの電流が流れる。

(5) 電磁誘導を利用して，電流を連続的に
発生させる装置を（⑨　　　　　）とい
い，モーターと似た構造をしている。
コイルの中で（⑩　　　　）を回転させ
て発電する。

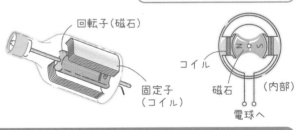

回転子（磁石）
固定子
（コイル）
コイル
磁石
（内部）
電球へ

❹ 直流と交流

(1) 乾電池の電流のように，流れる向きが変わら
ない電流を（①　　　　）といい，家庭のコン
セントの電流のように，流れる向きや大きさ
が周期的に変わる電流を（②　　　　）という。
オシロスコープで調べると，①は図のA，②
はBのようになる。

A
直流

B
交流

電流

→時間

→時間

(2) ②の，1秒間にくり返す電流の変化の回数を
（③　　　　）という。単位には
（④　　　　）を使う。

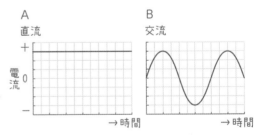

圧着端子で
固定する。
屋内
配線用
ケーブル

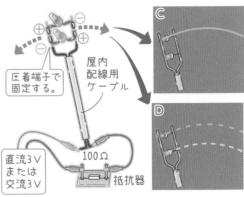

ⒸⒹ

直流3V
または
交流3V
100Ω
抵抗器

(3) 図のように発光ダイオードの向きを逆にして
並列につないだものに，①や②を流し，左右
にすばやく動かした。C，Dのうち，②を流
したのは（⑤　　　）である。

電流と磁界

1 図は，2本の棒磁石を置いたまわりに磁針A
〜Eを置き，電流が流れている導線の近くに
磁針Pを置いたようすを示している。ただし，
棒磁石と導線は，たがいに影響を与えないほど
離れているものとする。　　　10点(各5点)

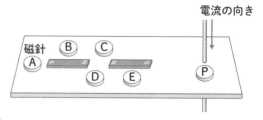

電流の向き

(1) 棒磁石のまわりの磁針A〜Eのうち，N極が
同じ向きをさしているのはどれとどれか。　　　(　　　と　　　)

(2) 棒磁石のまわりの磁針A〜Eのうち，N極がさす向きが磁針PのN極がさす向きと同じ
になるのはどれか。　　　　　　　　　　　　　　　　　　　　　(　　　)

2 図のようなコイルに電流を流した。　　　18点(各3点)

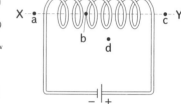

(1) コイルの中心をつらぬく直線XY上のa〜cの各点とdの
点での磁界の向きはどうなるか。それぞれ，下の⑦〜①か
ら選び，記号で答えなさい。

a(　　　) b(　　　) c(　　　) d(　　　)

⑦ 左から右　　　⑦ 右から左

⑦ 下から上　　　① 上から下

(2) コイルを棒磁石と見たとき，コイルのX，YのどちらがN極になるか。　　(　　　)

(3) コイルの磁界を強くするには，どのようにすればよいか。次の⑦〜①から2つ選び，記号
で答えなさい。　　　　　　　　　　　　　　　　　　　　　　　(　　　)

⑦ コイルに流す電流を大きくする。　⑦ コイルに流す電流を小さくする。

⑦ コイルの巻数を少なくする。　　　① コイルの巻数を多くする。

3 図のように，磁界の中に導線XYを置いて電流を流した。

12点(各3点)

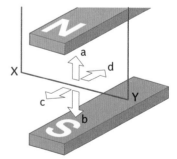

(1) XY付近の磁石による磁界の向きは，a〜dのどの向きか。
(　　　)

(2) X→Yの向きに電流を流すと，導線はdの向きに動いた。
電流の向きをY→Xに変えると，導線XYが受ける力は，
a〜dのどの向きになるか。　　　　　　　　(　　　)

(3) 電流の向きをY→Xにして，磁石のN極とS極を入れかえると，導線XYが受ける力は，
a〜dのどの向きになるか。　　　　　　　　　　　　　　　　　　　(　　　)

(4) 導線の動きが大きくなるものを，次の⑦〜①から2つ選び，記号で答えなさい。

⑦ 導線に流す電流を大きくする。　⑦ 導線に流す電流を小さくする。　(　　　)

⑦ 磁力の強い磁石に変える。　　　① 磁力の弱い磁石に変える。

4 図は，モーターの回るしくみを示したものである。

28点(各4点)

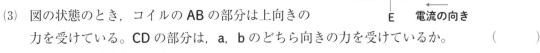

(1) 磁石による磁界の向きは，図の㋐，㋑のどちら向きか。　　　　　　　　　（　　　）

(2) 図の状態で，コイルに流れる電流はA〜Dをどの順序で流れるか。
　　（　　　→　　　→　　　→　　　）

(3) 図の状態のとき，コイルのABの部分は上向きの力を受けている。CDの部分は，a，bのどちら向きの力を受けているか。　　　（　　　）

(4) 図のEの部分を何というか。　　　　　　　　　　　　　　（　　　）

(5) 次の文は，(4)のはたらきについて説明したものである。（　）に適当な語句を入れなさい。
　　・Eとブラシは，コイルに流れる（①　　　　）の向きを（②　　　　）ごとに切りかえる。
　　したがって，コイルには常に同じ向きに（③　　　　）がはたらき，同じ向きに回転を続ける。

5 図1のように，棒磁石のN極をコイルに近づけると，検流計の針(指針)は左に振れた。

20点(各4点)

図1

(1) 図1のように，コイルの磁界を変化させると電流が流れる現象を何というか。　　（　　　　）

(2) 図1で，棒磁石のN極をコイルから遠ざけるように動かすと，検流計の針は右・左のどちらに振れるか。　　　　　　　　　　　（　　　）

(3) 図2のように，棒磁石のN極をコイルの上で水平に動かすと，検流計の針はどのように振れるか。　　　　　（　　　　）

図2

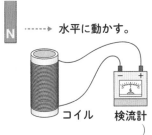

(4) コイルはそのままにして，検流計の針を大きく振れさせるには，どのようにすればよいか。適当な方法を2つ答えなさい。
　　（　　　　　）（　　　　　）

6 電流には，A向きと大きさが周期的に変わる電流と，B向きが変わらない電流がある。

12点(各3点)

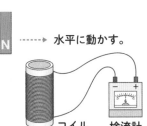

(1) 下線部Aの電流を何というか。　　　　　（　　　　）

(2) 次の①，②からとり出す電流は，下線部A，Bのどちらの電流か。
　　① 乾電池（　　　）　　② 家庭のコンセント（　　　）

(3) 自転車の発電機からとり出す電流を発光ダイオードに流し，暗いところで左右にすばやく動かすと，図の㋐，㋑のどちらのように見えるか。　　　（　　　）

1 火成岩の観察と，火山の形のちがいについて調べる実験を行った。あと
の問いに答えなさい。 　42点(各7点)　〔富山県〕

図1

【観察】

㋐ ある火山の火成岩の表面をルーペで観察した。

㋑ 観察した表面のようすをスケッチした。**図1**はそのスケッチである。

(1) **図1**の**A**は比較的大きな鉱物の結晶であり，**B**は形がわからないほどの小さな鉱物やガ
ラス質だった。**A**，**B**の名称をそれぞれ答えなさい。

(2) **図1**のような岩石のつくりを何というか。

【実験】

㋒ 小麦粉と水を，以下の割合でそれぞれポリ
エチレンのふくろに入れてよく混ぜ合わせ
た。

・**C**のふくろ：小麦粉80g＋水100g　・**D**のふくろ：小麦粉120g＋水100g

㋓ **図2**のように，中央に穴のあいた板に**C**のふくろをとりつけ，ゆっくりおし，小麦粉と
水を混ぜ合わせたものを板の上にしぼり出した。**D**のふくろについても，同じようにして，
しぼり出した。

㋔ その結果，**図3**，**図4**のように，小麦粉の盛り上がり方に差がついた。

図3

図4

図2
板
Cまたは**D**のふくろ

(3) **図3**は，㋒の**C**，**D**のどちらのふくろをしぼり出したものか。

(4) 実験の結果をふまえて，火山の形にちがいができる原因を答えなさい。

(5) **図1**のようなつくりをもち，**図4**のような形の火山で見られる主な火成岩は何か。次の
㋐〜㋑から最も適切なものを1つ選び，記号で答えなさい。

　　㋐ 玄武岩　　㋑ 花こう(崗)岩　　㋒ 斑(はん)れい岩　　㋓ 流紋岩

(1)	A		B		(2)	
(3)		(4)			(5)	

2 図は，ヒトの体の器官を模式的に表したものである。消化された(栄)養分を吸収する器官を
図の**A**，**B**から1つ，アンモニアを尿素に変える器官を図の
C，**D**から1つ，それぞれ選び，組み合わせたものとして適
切なものは，次のうちではどれか。

　　　　　6点　〔2021年度・東京都改題〕

　㋐ A, C　　　㋑ A, D
　㋒ B, C　　　㋓ B, D

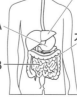

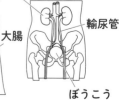

C D
輸尿管
大腸
A
B
ぼうこう

3 タンポポの葉のはたらきを調べるために，次の手順1～3で実験を行った。あとの問いに
答えなさい。　28点(各7点)　〔長崎県〕図1

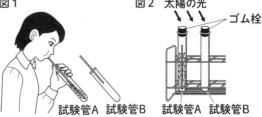

図2　太陽の光　ゴム栓

試験管A　試験管B　　試験管A　試験管B

【実験】

手順1　図1のように，試験管**A**にはタンポポの葉を入れた状態で，試験管**B**には何も入れない状態で，両方の試験管にストローで息をふきこんだ。

手順2　図2のように，試験管**A**と試験管**B**にゴム栓をし，太陽の光を30分間当てた。

手順3　試験管**A**と試験管**B**に静かに少量の石灰水を入れ，再びゴム栓をしてよく振った。

(1)　実験でタンポポの葉を入れた試験管**A**と何も入れない試験管**B**を用意したように，調べたいことの条件を1つだけ変え，それ以外の条件を同じにして行う実験を何というか。

(2)　実験についてまとめた次の文の（　①　）には**A**または**B**を，（　②　）には適する語句を，　③　には適する説明を入れて，文を完成させなさい。

・手順3の結果，石灰水が白くにごったのは試験管（　①　）である。石灰水のにごり方のちがいは，試験管内の（　②　）の量に関係している。試験管**A**内と試験管**B**内で（　②　）の量にちがいが見られた理由は，試験管**A**内で，　③　と考えられる。

(1)		(2) ①		②		③	

4 ヤクモさんは，4月25日0時から27日24時までの3日間，島根県のある地域で気象観測を行った。図は，この3日間の気象観測の結果を表したものである。また，表は，4月25日12時に行った気象観測の記録の一部である。次の問いに答えなさい。

24点(各8点)　〔島根県改題〕

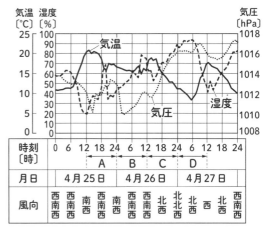

(1)　表の記録をもとにして，4月25日12時の天気，風向，風力を天気図記号で表しなさい。

(2)　4月25日から27日の間に寒冷前線が通過している。寒冷前線が通過したと考えられる最も適当な時間帯を，図の時刻の欄に示した**A**～**D**の時間帯から1つ選び，記号で答えなさい。

(3)　4月27日の日中の天気は晴れであった。そのことは，図のグラフを見ても推測することができる。推測した根拠となる気象要素を2つ用いて，晴れである理由を簡単に説明しなさい。

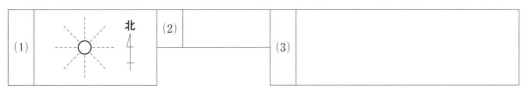

1 明さんは，買い物での支払いに使った図1のようなICカードに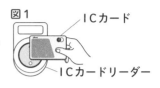
興味をもった。そこで，資料で調べ，疑問に思ったことについて，
実験を行った。あとの問いに答えなさい。30点(各5点)〔秋田県改題〕

【資料からわかったこと】

・ICカードには電源はないが，図2のようにICチップとコイルが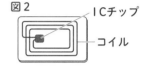
組みこまれ，ICカードに電流が流れたときにICカードリーダーと
情報のやりとりができる。

・ICカードリーダーには，ICカードのコイル内部の磁界を変化させる装置が組みこまれている。

【疑問】電源がないのに，どのようにICカードに電流を流しているのだろうか。

【予想】ICカードのコイル内部の磁界を変化させることで，電流が流れるのではないか。

【実験】図3のように，コイルPをIC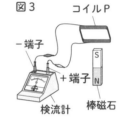
カードに見立てた。磁界の変化のよ
うすを，コイルPの下から棒磁石
を動かすことで再現し，棒磁石の動
かし方を変えて検流計の針(指針)の
振れを調べ，結果を表にまとめた。

表

	棒磁石の動かし方	針の振れ
A	S極を近づける	左
B	S極を近づけたまま動かさない	振れない
C	S極を遠ざける	右
D	N極を近づける	右
E	N極を近づけたまま動かさない	振れない
F	N極を遠ざける	左

(1) 磁石どうしが，引き合ったり，しりぞけ(反発し)合ったりする力を何というか。

(2) 表のA〜Fのうち，電流が検流計に＋端子から流れこんだものはどれか，すべて選んで
記号で答えなさい。

(3) 図4で，コイルPに矢印(→)の向きに電流が流れたとき，まわりにできた磁界の向きを表
した矢印(⟹)は次の⑦〜⑤のうちどれか，最も適切なものを1つ選んで記号で答えなさい。

⑦ 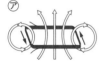 ④ ⑦ ⑤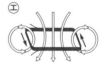

(4) 明さんは，表をもとに次のように考えた。

aコイルの内部の磁界が変化したとき，コイルに電流が流れる。bこの電流の向きは，棒磁
石の極だけを変えると逆になり，棒磁石を動かす向きだけを反対にしたときも逆になる。
電源がないICカードに電流が流れるのは，この現象を利用しているのだと考える。

① 下線部aの現象を何というか。

② 下線部bのことがいえるのは，表のA〜Fのどの結果とどの結果を比べたときか，2
つの組み合わせをそれぞれ答えなさい。

(1)		(2)		(3)	
(4)	①		②	と	と

2 モノコードとは，弦をはじくことで音が発生する装置である。モノコードを使って音の性質について調べるため，図のように弦をはじいて発生させた音を，マイクを通してオシロスコープの画面に表示させ観察した。次の問いに答えなさい。

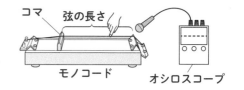

20点(各5点) 〔沖縄県〕

(1) 弦が1秒間に振動する回数のことを何というか。また，その単位をカタカナで答えなさい。

(2) 音が発生したとき，オシロスコープの画面はどのように表示されるか。最も適当なものを次の⑦〜⊥の中から1つ選び記号で答えなさい。

⑦ 　　⑦ 　　⑦ 　　⊥

(3) 図で発生させた音よりも高い音にするための操作として，最も適当なものを次の⑦〜⊥の中から1つ選び記号で答えなさい。

⑦　コマを移動させ，弦の長さを長くする。　　⑦　弦をはじく力を強くする。

⑦　弦の中央をはじく。　　⊥　弦の張りを強くする。

(1)		単位		(2)		(3)	

3 黒色の酸化銅と炭素の粉末をよく混ぜ合わせた。これを図のように，試験管Pに入れて加熱すると，気体が発生して，試験管Qの液体Yが白く濁り，試験管Pの中に赤(茶)色の物質ができた。試験管Pが冷めてから，この赤(茶)色の物質を取り出し，性質を調べた。次の問いに答えなさい。

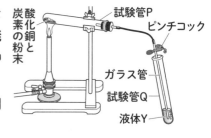

30点(各6点) 〔愛媛県改題〕

(1) 次の文の①，②の の中から，適当なものを1つずつ選び，その記号を答えなさい。

下線部の赤(茶)色の物質を薬さじでこすると，金属光沢が見られ，① ⑦　磁石につく

⑦　電気をよく通す という性質も見られた。これらのことから，赤(茶)色の物質は，酸化銅が炭素により② ⑦　酸化　　⊥　還元 されてできた銅であると確認できた。

(2) 液体Yが白く濁ったことから，発生した気体は二酸化炭素であるとわかった。次の⑦〜⊥のうち，液体Yとして，最も適当なものを1つ選び，その記号を答えなさい。

⑦　食酢　　⑦　オキシドール　　⑦　石灰水　　⊥　エタノール

(3) 同じ方法で，黒色の酸化銅2.00gと炭素の粉末0.12gを反応させたところ，二酸化炭素が発生し，試験管Pには，黒色の酸化銅と赤(茶)色の銅の混合物が1.68g残った。このとき，発生した二酸化炭素の質量と，試験管Pに残った黒色の酸化銅の質量はそれぞれ何gか。ただし，酸化銅に含まれる銅と酸素の質量の比は4：1であり，試験管Pの中では，酸化銅と炭素との反応以外は起こらず，炭素は全て反応したものとする。

(1)	①		②		(2)		(3)	二酸化炭素		黒色の酸化銅	

4 太郎さんと花子さんは，塩化ナトリウムやミョウバンの結晶に興味をもち，調べ学習を行った。あとの問いに答えなさい。 20点(各5点) 〔滋賀県改題〕

太郎さん：先生がみせてくれた塩化ナトリウムやミョウバンの結晶は，きれいな形をしていたね。今度は，もっと大きな結晶をつくりたいな。

花子さん：大きな結晶づくりに向いているのは，どちらの物質かな。研究の発表会までもうすぐだから，できるだけ短い時間でつくりたいね。

太郎さん：ₐそれぞれ水溶液をつくったあと，温度を下げると結晶ができるね。まずは水にとける物質の質量と温度の関係について，塩化ナトリウムとミョウバンを比べてみよう。

(1) 下線部 **a** のように，いったん水などにとかした物質を純粋な物質(純物質)の固体としてとり出すことを何というか。

【調べ学習】 表は，塩化ナトリウムとミョウバンの溶解度と水の温度の関係について調べ，まとめたものである。

水の温度(℃)	0	20	40	60	80
塩化ナトリウム	35.7	35.8	36.3	37.1	38.0
ミョウバン	5.7	11.4	23.8	57.4	321.0

※溶解度は，100 gの水に溶解する物質の量をグラム(g)で示してある。

【話し合い1】

太郎さん：どちらの物質の方が短い時間で，結晶を大きく成長させることができるかな。

花子さん：この表をみると，ᵦ塩化ナトリウムの結晶を大きく成長させるのは，難しそうだね。

太郎さん：溶質の質量や温度を変えて結晶をつくってみよう。

(2) 話し合い1で，下線部 **b** のように判断した理由を「溶解度」という語句を使って答えなさい。

太郎さん：80℃の塩化ナトリウムの飽和水溶液をつくって冷やしてみると，結晶が出てきたよ。

(3) 80℃の塩化ナトリウムの飽和水溶液がある。この水溶液の質量パーセント濃度は何％か。ただし，答えは，小数第一位を四捨五入して，整数で答えなさい。

【話し合い2】

太郎さん：40℃の水 150 g にミョウバン 30 g をとかした水溶液を 20℃まで冷やしたときには，きれいな結晶が出てきたよ。

花子さん：そのまま放置しても大きく成長しなかったね。結晶を大きく成長させるためには，もっと長い時間が必要なのかな。

太郎さん：とかしたミョウバンの質量や，部屋の温度も関係あるかもしれないね。

(4) 話し合い2で，下線部 **c** の水溶液を 20℃まで冷やしたとき，冷やし始めてからの経過時間と出てきた結晶の質量との関係を模式的に表したグラフはどのようになると考えられるか。最も適切なものを右の㋐～㋓から1つ答えなさい。

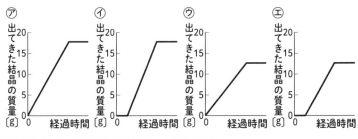

(1)		(3)		(4)	
(2)					

ホントにわかる
中1・2年の総復習
理科

解答と解説

新興出版社

ステップ1	
①	①目　②前後　③立体
②	①種子植物　②被子植物　③果実　④胚珠　⑤裸子植物
③	①単子葉類　②双子葉類　③ひげ根　④側根　⑤葉脈
④	①種子　②胞子　③シダ　④コケ
⑤	①脊椎動物　②無脊椎動物　③胎生　④卵生　⑤外骨格　⑥節足動物
	⑦外とう膜

+α

②②被子植物の花には，花弁がくっついている**合弁花**と，花弁が1枚1枚離れている**離弁花**がある。

③おしべのやくでつくられた花粉がめしべの柱頭につくことを**受粉**といい，これにより**子房**が成長して**果実**になる。

⑤**裸子植物**には子房がないので受粉しても果実はできないが，**胚珠**は種子になる。まつかさは**雌花**が変化したもの。イチョウ，ヒノキ，ソテツなども裸子植物である。

③③**ひげ根**は，ユリやイネなどの単子葉類の植物に見られる。

④**主根**と**側根**からなる根は，タンポポやアブラナなどの双子葉類の植物に見られる。

④②**胞子**は，**胞子のう**という袋でつくられる。シダ植物のイヌワラビは，葉の裏側に胞子のうができる。コケ植物のゼニゴケやスギゴケは**雌株**と**雄株**があり，胞子のうは雌株にできる。

③シダ植物は，葉・茎・根の区別がある。茎は，地中や地表近くにあるものが多い。

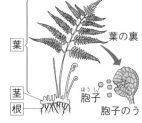
葉
茎
根
葉の裏
胞子
胞子のう

⑤①**脊椎動物**は，背骨のまわりに筋肉が発達し，力強い動きができる。**魚類・両生類・は虫類・鳥類・哺乳類**に分類することができる。

③**胎生**は，哺乳類だけに見られる特徴である。子が生まれた後も，母親が乳をあたえて育てる。

④魚類・両生類は水中に**殻**のない**卵**を産むが，は虫類・鳥類は陸上に殻のある卵を産む。殻があることで，卵は陸上の乾燥にたえることができる。

⑤⑥**節足動物**は，**外骨格**の内側についた筋肉のはたらきによって体を動かす。

入試につながる

○**花のつくり**

・花のつくりは共通している。

ツツジ
がく　花弁　おしべ　めしべ　子房
エンドウ
がく　花弁　おしべ　めしべ　子房

・花弁がくっついているものと，1枚1枚離れているものがある。

・めしべの根元の子房の中には胚珠がある。

○**節足動物**　例バッタ

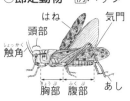
はね　気門
頭部
触角
胸部　腹部　あし

・体はかたい外骨格でおおわれている。

・外骨格の内側にある筋肉のはたらきで動く。

○**軟体動物**　例アサリ

貝柱　外とう膜
貝柱
出水管
えら
あし　入水管

・内臓が外とう膜でおおわれている。

・筋肉でできたあしで動く。

1 (1)ア粗動ねじ　イ微動ねじ　ウ対物レンズ　(2)⑦(→)⑦(→)⑦(→)⑦　(3)立体

2 (1)A柱頭　B胚珠　C子房　D種子　E果実　(2)受粉　(3)やく
　(4)D…B　E…C

3 (1)A⑦　B⑦　C⑦　(2)D…C　E…B　F…A　(3)花粉　(4)⑨

4 (1)被子植物　(2)c…単子葉類　子葉の数…1(枚)　(3)胞子　(4)コケ植物
　(5)茎⑦　根⑨　(6)⑦

5 (1)観点①⑦　観点②⑦　(2)①節足動物　②体を支える。(体内を保護する。)
　(3)サンショウウオ…c　アサリ…f

解説

1 (2) 次のように操作する。①接眼レンズ
の幅を目の幅に合わせる。②粗動ねじ
を調節して観察物の大きさに合わせて
鏡筒を固定する。③右目でのぞいて微
動ねじを回してピントを合わせる。④
左目でのぞいて視度調節リングを回し
て，ピントを合わせる。

(3) 双眼実体顕微鏡は，観察物を20～
40倍で立体的に観察することができる。

2 (1) めしべの先は柱頭で，根元のふくら
んだ部分が子房である。子房の中に胚
珠が入っている。

(3) おしべの先にはやくがあり，その中
に花粉が入っている。

(4) 受粉すると，図のように変化する。

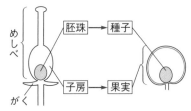

3 (1) マツの花のつくりは図のとおり。

(2) マツの花はりん片が集まってできて
おり，D～Fがりん片である。まつ
かさは，雌花が1年以上かけて成長し
たもので，Eがまつかさのりん片。⑦
に種子ができる。

4 (1) 種子植物は，子房があるかないかで
被子植物と裸子植物に分けられる。

(2) 被子植物は子葉の数によって，単子
葉類と双子葉類に分けられる。タンポ
ポ，アサガオなどは子葉が2枚の双子
葉類，ツユクサ，ユリなどは子葉が1
枚の単子葉類である。

(3)(4) 種子をつくらない植物は，胞子の
うでつくられる胞子でふえる。シダ植
物とコケ植物などがあり，シダ植物に
は葉，茎，根の区別があるが，コケ植
物にはこれらの区別はない。

(5) イヌワラビの葉にあたるのは⑦と⑦
の部分である。茎のように見える⑦の
部分は，葉の柄の部分である。また，
イヌワラビの茎は地中にあり，地下茎
という。

(6) イヌワラビの胞子のうは，葉の裏に
ある。胞子は熟すと胞子のうがはじけ
て胞子が飛ばされ，湿った地面に落ち
ると発芽する。

5 (1) コウモリ，フナ，イモリ，ヤモリ，
ハトは背骨のある脊椎動物，イカ，バ
ッタは背骨のない無脊椎動物である。
脊椎動物のうち，コウモリとその他を
分けているので，観点①は⑦。観点②
では，フナ(魚類)とイモリ(両生類)を
分けているので，⑦。魚類は一生えら
で呼吸するが，両生類は一生のうちで
呼吸のしかたが変わり，子(幼生)のと
きはえらと皮膚で呼吸するが，親(成
体)のときは肺と皮膚で呼吸する。

(3) サンショウウオは両生類，アサリは
無脊椎動物の軟体動物のなかま。

+α

①③**有機物**には，炭素の他に水素をふくむものが多く，燃えて空気中の酸素と結びつくと，二酸化炭素の他に水が発生する。

⑤磁石につくという性質は，鉄にはあるが銅にはないので，金属共通の性質ではない。

②①**水上置換法**は，**下方置換法**などとちがい発生した気体が空気と混じることがないので，より純粋な気体を集めることができる。

⑦鼻をさすような強いにおいを**刺激臭**という。

③①**溶質**は気体や液体の場合もある。塩酸は気体の塩化水素が水にとけた水溶液。

③④**溶媒**が水の溶液は水溶液，溶媒がエタノールの溶液はエタノール溶液という。

④③**溶解度**は，物質によってちがう。物質の溶解度と温度の関係を表したグラフが，溶解度曲線。

④**再結晶**は，より純粋な物質をとり出す1つの方法。できた**結晶**は，物質の種類で形が決まっている。

塩化ナトリウム（食塩）　硝酸カリウム　ミョウバン

⑤①**状態変化**では，ふつう固体→液体→気体の順に体積が大きくなる。ただし，水は例外的に液体→固体→気体の順に体積が大きくなる。

②③**融点**，**沸点**は，物質の種類によって決まっているので，その値を測定することで，その物質が何であるか調べる手がかりとなる。

⑤1種類の物質でできているものを**純物質**（純粋な物質）という。また，複数の物質が混ざり合ったものを，**混合物**という。

蒸留により，物質の沸点のちがいを利用して，混合物から物質を分離することができる。混合物を加熱すると，沸点の低い物質から沸騰をはじめ，気体となって出てくるからである。

入試につながる

○蒸留のしくみ

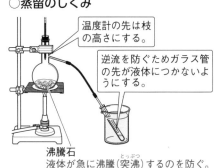

温度計の先は枝の高さにする。

逆流を防ぐためガラス管の先が液体につかないようにする。

沸騰石
液体が急に沸騰（突沸）するのを防ぐ。

○混合物の加熱

混合物を加熱すると，<u>沸点の低い物質が先に気体になる。</u>

・水の沸点…………100℃

・エタノールの沸点…約78℃

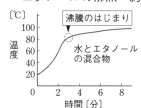

沸騰のはじまり

水とエタノールの混合物

〔℃〕温度　100 80 60 40 20 0

時間〔分〕 0 2 4 6 8

混合物の沸点は一定ではないので，
→グラフに水平な部分ができない。

1 (1) A　　(2)実験 4　　(3) B と E　　(4)磁石を近づけて，引きつけられれば鉄である。

2 (1)水素　　(2)水上置換法　　(3)⑦　　(4)⑤

3 (1)塩化ナトリウム（食塩）　　(2) 180 g　　(3)⑦，⑦，⑤　　(4) 10 %

4 (1)溶解度　　(2)とける。　　(3)現れる。　　(4)とける。　　(5)現れない。　　(6)⑦

(7)再結晶

5 (1)沸騰石　　(2)⑦　　(3)蒸留　　(4)沸点

(5)ガラス管を試験管の液体から出しておく。　　(6)⑦（→）⑦（→）⑦

解説

1 (1) 砂糖は水にとけるので，A か D。また，有機物なので，燃えたときに二酸化炭素が発生するので A と考えられる。

(2) マグネシウムのように，無機物でも燃えるものがある。有機物には炭素がふくまれているので，燃えたときに二酸化炭素が出る。

(3) 金属には，電気をよく通す性質（電気伝導性）がある。

(4) 金属のうち，鉄は磁石につくが，アルミニウム，銅，銀などは磁石につかない。

2 (3) 水上置換法は，水にとけにくい性質をもつ気体を集めるときに用いる。水にとけやすい気体のうち，空気より密度が小さい気体は上方置換法，空気より密度が大きい気体は下方置換法で集める。

(4) 水素は，色やにおいはなく，燃えると水ができる。空気中でもっとも多い気体は窒素である。

3 (1) 塩化ナトリウム水溶液とは，食塩水のことである。

(2) 水にとけて目に見えなくなっても，とかした物質はなくならない。したがって，砂糖水の質量は，

100 g ＋ 80 g ＝ 180 g。

(3) アンモニア水にはアンモニア，塩酸には塩化水素，炭酸水には二酸化炭素が水にそれぞれとけている。

(4) $\dfrac{20\ \text{g}}{180\ \text{g} + 20\ \text{g}} \times 100 = 10$

よって，10 %

質量パーセント濃度〔%〕

$= \dfrac{\text{溶質の質量〔g〕}}{\text{溶液の質量〔g〕}} \times 100$

$= \dfrac{\text{溶質の質量〔g〕}}{\text{溶媒の質量〔g〕} + \text{溶質の質量〔g〕}} \times 100$

4 (2) グラフで，50 ℃の水 100 g にとける硝酸カリウムの質量を見ると，80 g を超えていることがわかる。

(3) グラフから，20 ℃の水 100 g には約 32 g 程度しか硝酸カリウムをとかすことができないことがわかる。

(4) 水 200 g なので，50 ℃の水にはグラフで読みとった値（約 38 g）の 2 倍の質量まで塩化ナトリウムをとかすことができる。

(5) グラフから，塩化ナトリウムは 20 ℃の水 100 g に 30 g より多くとけることがわかる。よって，20 ℃の水 200 g には 60 g より多くとける。

5 (1) 沸騰石を入れずに加熱すると，液体が急に沸騰（突沸）してしまう。

(2) エタノールの沸点は約 78 ℃である。水の沸点（100 ℃）より低いため，はじめの沸騰で出てきたものと考えられる。

(5) ガラス管が試験管の液体につかったまま温度が下がると，フラスコ内の気圧が下がり，試験管内の液体が逆流することがある。

(6) 火を消すときは，空気調節ねじ，ガス調節ねじ，元栓の順に閉める。

ステップ1

① ①火山噴出物　②溶岩　③ねばりけ　④激しい　⑤白っぽい

② ①火成岩　②火山岩　③深成岩　④石基　⑤斑晶　⑥斑状
　　⑦ゆっくり　⑧等粒状

③ ①風化　②侵食　③運搬　④堆積　⑤堆積岩　⑥泥岩　⑦凝灰岩
　　⑧示相化石　⑨示準化石

④ ①震源(震源断層)　②初期微動　③主要動　④初期微動継続時間　⑤震度
　　⑥マグニチュード　⑦プレート　⑧津波　⑨活断層

⑤ ①海岸段丘　②地熱発電　③液状化　④火山灰

+α

①③マグマのねばりけが大きいと，ドーム状の火山の形(例昭和新山，雲仙普賢岳)になり，ねばりけが小さいと，傾斜がゆるやかな火山の形(例マウナロア)になる。マグマのねばりけは，マグマにふくまれている二酸化ケイ素の割合によって決まる。

②⑥マグマが冷えて結晶になった粒を**鉱物**という。地表近くで急に冷え固まると小さな結晶や結晶になれなかった部分(**石基**)ができ，**斑状組織**となる。**斑晶**は，マグマが地下深くにあるときから結晶として成長していたものである。

⑧**深成岩**は地下の深いところで，何十万年もの時間をかけて，ゆっくりできる。

③④土砂が流れこむ海や湖では，細かい粒ほど遠くへ運ばれるので，岸から離れたところでは泥が堆積しやすい。

⑤**堆積岩**をつくっている土砂の粒は，流水で運ばれてきたため，丸みを帯びている。

⑦**凝灰岩**の地層があると，堆積した当時，近くで火山活動(噴火など)があったことがわかる。火山灰の他に，火山れきや軽石をふくむことがある。

④⑨過去にできていた**断層**が，再びずれ動いて地震を起こすことがある。このような断層を**活断層**といい，今後も活動する可能性がある。

⑤③**液状化**は，海岸近くの埋め立て地などで，地震のゆれによって地面が急にやわらかくなること。

入試につながる

○火成岩のつくりと種類

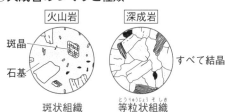

斑状組織　等粒状組織

火山岩(斑状組織)	玄武岩	安山岩	流紋岩
深成岩(等粒状組織)	斑(はん)れい岩	せん(閃)緑岩	花こう(崗)岩
色	◀─── 黒っぽい		白っぽい ───▶
鉱物の割合		無色・白色の鉱物(セキエイ，チョウ石) その他の鉱物	

有色の鉱物(クロウンモ，カクセン石，キ石，カンラン石)

○地震計の記録

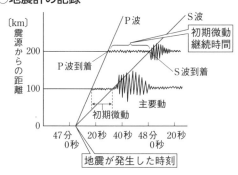

1 (1)B　(2)等粒状組織　(3)大きな鉱物…斑晶　細かい粒の部分…石基　(4)ウ
(5)B ④　C ⑦　(6)A 火山岩　B 深成岩　C 火山岩　(7)白っぽい

2 (1)E(→)D(→)C(→)B(→)A　(2)河口付近(や湖)　(3)示準化石　(4)中生代

3 (1)泥岩　(2)凝灰岩　(3)れき岩　(4)石灰岩

4 (1)A　(2)60(秒)　(3)9 時 9 分 30 秒　(4)比例(の関係)　(5)50(秒)
(6)540(km)　(7)180(km)　(8)エ

5 ④

解説

1 (1) マグマがゆっくり冷えるとほぼ同じ大きさの大きな結晶ができる。急に冷えると，結晶が成長しない部分(石基)が見られるAやCのような斑状組織となる。

(4) Aの岩石の大きな鉱物とは，キ石(輝石)やカクセン石(角閃石)などを示している。斑状組織の斑晶は，マグマが地下にあるときからすでに結晶として成長していたものである。

(5) Bは等粒状組織なので深成岩。Cは斑状組織なので火山岩とわかる。よって，Bは地下深く，Cは地表付近でできたと考えられる。

(7) Bの岩石は，無色鉱物であるセキエイ(石英)，チョウ石(長石)を多く含む。

2 (1) 地層は，ふつう下の地層ほど古く，上にある地層ほど新しい。

(2) シジミは，淡水と海水の混じる河口付近や湖に生息する。シジミのように，地層ができた当時の環境を知る手がかりとなる化石を示相化石という。

(4) 地層ができた時代は地質年代とよばれ，示準化石をもとに区分されている。
・新生代…ビカリア，ナウマンゾウ
・中生代…アンモナイト，恐竜
・古生代…サンヨウチュウ(三葉虫)，フズリナ

3 堆積岩は，どのような堆積物が固まってできたかによって分類される。

(1) 土砂は，粒の大きさによって右のように分類される。泥はさらに，粒の大きさによってシルトと粘土に分けられ，粒の大きいほうがシルト，小さいほうが粘土である。

よび方	粒の大きさ
泥	$\frac{1}{16}$ mm 以下(約 0.06 mm 以下)
砂	$\frac{1}{16}$～2 mm
れき	2 mm 以上

(4) 石灰岩やチャートは，生物の遺骸などが固まってできた岩石。石灰岩は炭酸カルシウムを多くふくむため，塩酸と反応し二酸化炭素を出すが，チャートは二酸化ケイ素を多くふくみ，塩酸と反応しない。

4 (1) 震源からの距離が遠いほど，初期微動がはじまる時間が遅く，初期微動継続時間が長くなる。

(2) グラフより，9 時 10 分 00 秒から 11 分 00 秒の間が初期微動継続時間。

(6) 初期微動継続時間が 30 秒の地点の震源からの距離は，180 km。1 分 30 秒は 30 秒の 3 倍なので，震源からの距離は 180×3＝540 より，540 km。

(7) B地点の初期微動継続時間は 30 秒なので，グラフから読みとる。

5 太平洋側の海洋プレートが大陸プレートの下に沈みこんでいるため，プレートの境界に巨大な力がはたらき，地下の岩盤が破壊され，地震が起こる。内陸型地震を除くと，太平洋側から大陸側に向かって，震源の分布は深くなる。

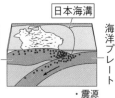

身のまわりの現象(光・音・力) 本冊 p.16〜19

<table>
<tr><td rowspan="5">ステップ1</td><td>①</td><td>①等しい　②反射の法則　③屈折　④＞　⑤＜　⑥全反射　⑦白(い)</td></tr>
<tr><td>②</td><td>①反対　②実像　③同じ　④虚像</td></tr>
<tr><td>③</td><td>①振動　②波　③振幅　④振動数　⑤大きく　⑥高く</td></tr>
<tr><td>④</td><td>①大きさ　②向き　③作用点　④ニュートン　⑤比例　⑥フックの法則</td></tr>
<tr><td></td><td>⑦つり合っている　⑧(同)一直線　⑨等しい　⑩反対</td></tr>
</table>

+α

①②身のまわりの物体の表面はでこぼこしているため，表面に当たる光はさまざまな方向に反射している。このとき，1つ1つの光では，反射の法則が成り立つように反射している。このような反射を**乱反射**という。

③**入射角**が0°のとき，つまり垂直に入った光は，**屈折**せずに**直進**する。

⑥**全反射**は，水中から空気中へ光が出るときに入射角が約49°以上のときに起こる。全反射を利用したものに光ファイバーがある。

⑦プリズムで白い光(白色光)が色ごとに分かれるようすを見ることができるのは，色ごとに屈折する角度が異なるためである。

②①②光軸(凸レンズの軸)に平行な光が凸レンズを通り，1点に集まる点が**焦点**。レンズの両側に1つずつある。凸レンズの中心から焦点までの距離を**焦点距離**という。レンズを通った光が集まってスクリーン上にできる**像**が**実像**。倒立(上下左右逆向き)の像ができる。

③④スクリーンにうつらない像が**虚像**。凸レンズを通して見える，物体よりも大きな正立(物体と同じ向き)の像。

③②音を伝える**波**は，空気のような気体だけでなく，液体や固体の中も伝わる。

④①〜③**力の大きさ，力の向き，作用点**を力の三要素という。

④1Nは，100gの物体にはたらく**重力**の大きさにほぼ等しい。重力とは，地球や月がその中心に向かって物体を引く力。重さは物体にはたらく重力の大きさなので，地球上と月面上ではちがう。**質量**は場所によって変化しない，物体そのものの量である。

⑦机の上などにある物体を横から押したとき，押した物体が動かないことがある。これは，物体を押す力と，物体が動こうとする向きと反対向きにはたらく力(**摩擦力**)がつり合っているためである。摩擦力は，物体どうしがふれ合う面ではたらく力である。

入試につながる

○凸レンズによってできる像　　　○音の波形と音の大小と高低

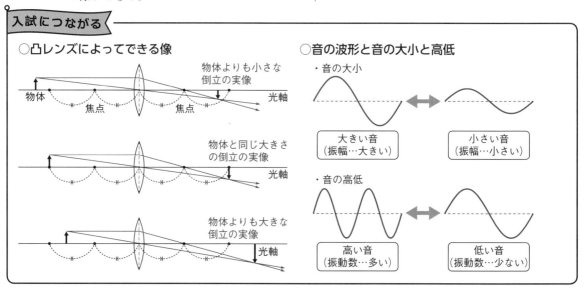

ステップ 2	

1 (3)～⑩

2 (1)⑦　　(2)⑦　　(3)全反射
　　(4)⑦

3 (1)実像　　(2)⑦
　　(3)① 同じ　② 小さい　　(4)虚像

4 (1)ア　　(2)400 Hz
　　(3)① C　② B, D　③ B　④ D

5 (1)右図 A　　(2)フックの法則
　　(3)0.5 N　　(4)4.0 cm

6 (1)45 N　　(2)45 N　　(3)右図 B

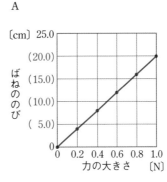

A

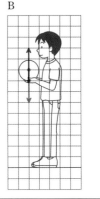

B

解説

1　鏡の前に物体を置くと，鏡の反対側の同じ距離のところに物体が見える。鏡で反射する P 点からの光の進み方を考えると，図のようになる。このとき，物体の像が見える範囲は，物体から出た光が鏡の両端で反射する光の間の範囲となる。

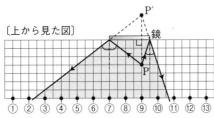

2　(2)　光が水やガラスから空気中へ進むとき，入射角＜屈折角となる。
　　(3)(4)　入射角がある角度以上になると，光は全部反射する。これを全反射といい，この現象は，光ファイバーなどに利用されている。

3　(1)　スクリーン上に像ができているので実像。虚像はスクリーン上にできない。
　　(2)　凸レンズによってできる実像は，上下左右逆向きの像。
　　(3)①　下の図のように作図してみると，スクリーンにできる像は，物体と同じ大きさであることがわかる。また，このとき物体は焦点距離の 2 倍の位置にある。

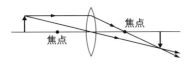

4　(2)　1 回の振動が横軸の 4 目盛り分，1 目盛りは 0.000625 秒なので，0.000625 × 4 ＝ 0.0025 より，A の音は 0.0025 秒で 1 回振動しているとわかる。振動数は 1 秒間に振動する回数なので，1 ÷ 0.0025 ＝ 400 より，400 Hz。
　　(3)　音の大小は振幅によって決まる。振幅が大きいほど音は大きい。また，音の高低は振動数によって決まる。振動数が大きいほど音は高い。

5　(1)　以下の点に注意してグラフを書く。
　　①ばねののびの最大値が 20.0 cm であることから，縦軸の目盛りをとる。
　　②測定値を正確に点（・）で記入する。
　　③グラフがどのような線になるかを考え，線を引く。（この場合は原点を通る直線）
　　(2)　グラフが原点を通る右上がりの直線となっているので，力の大きさとばねののびは，比例していることがわかる。
　　(3)　表より，1.0 N の力でばねは 20.0 cm のびている。10.0 cm のばすには，0.5 N の力が必要。
　　(4)　月面上での重力は，地球上での 6 分の 1 になるため，月面上ではたらく重力は，1.2 N ÷ 6 ＝ 0.2 N。表から，0.2 N の力によるばねののびは，4.0 cm。

6　(2)　ボールは静止しているので，ボールにはたらく重力と，手がボールを支える力はつり合っている。したがって，大きさは同じ。

ステップ **1**

① ①化学変化(化学反応)　②分解　③炭酸ナトリウム　④水　⑤二酸化炭素
⑥赤色　⑦赤(桃)色　⑧水素　⑨酸素　⑩水素　⑪酸素

② ①原子　②分ける　③なくなったり　④質量　⑤分子　⑥性質　⑦分子　⑧2
⑨2　⑩酸素　⑪炭素

③ ①元素　②元素記号　③周期表　④化学式　⑤純物質(純粋な物質)　⑥単体　⑦化合物
⑧化学反応式　⑨水素　⑩ H_2　⑪ H_2　H_2　⑫ $2H_2O$　⑬ $2H_2$

④ ①性質　②硫化鉄　③水素　④られる　⑤硫化水素　⑥られない　⑦ $Fe + S \longrightarrow FeS$

+α

①③〜⑤炭酸水素ナトリウムを加熱すると，**炭酸ナトリウム**と**水**と**二酸化炭素**に分解する。水は，水蒸気の状態で発生し，試験管の口付近の内壁に水滴となって付着する。発生した水が，試験管の加熱部分に流れて試験管が破損しないように，口を少し下げて加熱する。

⑥炭酸ナトリウムは，炭酸水素ナトリウムよりも水にとけやすく，水溶液はアルカリ性が強いので，フェノールフタレイン溶液で濃い赤色になる。

⑧⑨純粋な水は電流が流れにくいので，水に水酸化ナトリウムをとかして，水の電気分解をする。水酸化ナトリウムは変化しない。水の電気分解により生じる水素と酸素の体積の比は，水素：酸素＝2：1。

②①イギリスの科学者の**ドルトン**は原子の考えを19世紀のはじめに発表した。
⑤分子の考えを発表したのは，イタリアの科学者の**アボガドロ**。

③④分子からできている物質の化学式は，分子をつくる原子の元素記号の右下に原子の数を書く(例：H_2，CO_2)。分子からできていない物質の化学式は，1種類の原子からなる物質は元素記号で表し(例：Ag)，2種類以上の原子からなる物質は，原子の数の比を使って表す(例：$NaCl$，Ag_2O)。
⑧**化学反応式**の左辺と右辺で，原子の種類と数は変化しない。

④⑤**硫化水素**は，卵の腐ったようなにおいのする有毒な気体である。

入試につながる

○炭酸水素ナトリウムの分解

炭酸ナトリウム
固体が残る

液体がつく → 水

気体の発生
二酸化炭素
石灰水が白くにごる

炭酸水素ナトリウム

液体が加熱部分に流れないように口を少し下げる！

水が逆流しないようにガラス管を水そうからぬいた後加熱をやめる

炭酸水素ナトリウム
　　　　⟶ 炭酸ナトリウム＋水＋二酸化炭素

○水の電気分解

体積比　酸素：水素＝1：2

酸素
火のついた線香が激しく燃える

水素
マッチの火を近づけると音を立てて燃える

陽極　陰極　電源装置

うすい水酸化ナトリウム水溶液
└ 電流が流れやすくするため

水　⟶　水素＋酸素

ステップ 2

1 (1)①変化がない。　②線香の火が消える。　③石灰水が白くにごる。
(2)反応によってできた水が，試験管の加熱部分に流れ，試験管が割れる。
(3)⑦　(4)炭酸ナトリウム，水，二酸化炭素(順不同)

2 (1)水酸化ナトリウム　(2)酸素　(3)④　(4)水素　(5)⑦　(6)⑦

3 (1)① H　② C　③ S　(2)①窒素　②酸素　③ナトリウム
(3)① $Cu + Cl_2 \longrightarrow CuCl_2$　② $2Ag_2O \longrightarrow 4Ag + O_2$

4 (1)乳ばち　(2)④　(3)⑦　(4)硫黄の蒸気が出るのを防ぐため。　(5)④
(6)⑦　(7)④　(8) $Fe + S \longrightarrow FeS$

解説

1 (1)(4) 炭酸水素ナトリウムを加熱すると，炭酸ナトリウムと水と二酸化炭素に分解される。

(2) 熱くなった試験管の一部が，発生した水で急に冷やされると，ガラスにひずみができて割れることがある。

(3) フェノールフタレイン溶液で調べると，炭酸水素ナトリウムの水溶液よりも濃い赤色に変色するため，アルカリ性が強いことがわかる。

2 (1) 純粋な水は，ほとんど電流を流さない。水酸化ナトリウム水溶液に電流を流しても，水酸化ナトリウムは変化せず，水だけが分解する。うすい硫酸でもよい。

(2) 水を電気分解すると，陽極から酸素，陰極から水素が発生する。発生した気体の確認の方法は，次のとおりである。
酸素：火のついた線香を入れる。
　　　→激しく燃える。
水素：マッチの火を近づける。
　　　→音を立てて燃える。

(3) ⑦では水素が，⑦では二酸化炭素が，⑦ではアンモニアが発生する。

(6) ⑦の性質があるのは酸素，④の性質があるのは塩素，⑦の性質があるのは水素，⑦の性質があるのは二酸化炭素である。

3 (1) 元素記号は，アルファベット1文字か2文字で表す。世界共通の記号。

(3)① 塩素は，塩素原子2個が結びついた分子からできている。元素記号の右下に原子の数を書く。

② 銀は，分子をつくらないので，化学反応式の右辺では，Ag の前に数字をつける。つまり，4Ag。Ag$_4$ と書かない。

4 (1) 鉄粉と硫黄がじゅうぶんに反応するためには，両方の物質がよくふれ合わなければならない。鉄粉

乳棒
乳ばち

と硫黄を乳ばちでよく混ぜ合わせるのは，そのためである。

(2)(3) 鉄と硫黄の反応は，化学変化によって熱を発生する代表的な例である。いったん反応がはじまると，加熱をやめても，反応によって多量の熱が出るため，その熱によって反応が続く。

(4) 鉄粉と硫黄の混合物を加熱するときは，硫黄の蒸気が出るのを防ぐため，脱脂綿で栓をする。

(5) 硫化鉄にうすい塩酸を加えると，卵の腐ったようなにおいがする気体(硫化水素)が発生する。また，この気体は空気より重く，有毒である。

(6) 鉄粉にうすい塩酸を加えると，においのしない気体(水素)が発生する。この気体は空気より軽い。

(7) 鉄粉と硫黄の混合物に磁石を近づけると，混合物中の鉄粉が磁石に引きつけられる。硫化鉄は，鉄の性質をもっていないので磁石に引きつけられない。

(8) 鉄＋硫黄 $\longrightarrow$ 硫化鉄
反応前の物質を左側，反応後の物質を右側に化学式で書く。

第6日 さまざまな化学変化，化学変化と質量

本冊 p.24〜27

ステップ 1	
①	①酸化　②酸化物　③酸化銅　④燃焼　⑤酸化マグネシウム
②	①還元　②銅　③二酸化炭素　④銅　⑤水
③	①発熱　②吸熱　③酸素　④発熱　⑤アンモニア　⑥吸熱
④	①質量保存の法則　②組み合わせ　③数　④硫酸バリウム　⑤しない　⑥二酸化炭素　⑦しない　⑧小さくなる
⑤	①酸化銅　②酸化マグネシウム　③酸素　④ある　⑤比例　⑥比例　⑦4：1　⑧3：2　⑨一定

+α

①③銅板を空気中で加熱すると，銅板の表面が黒くなる。これは，銅が空気中の酸素と結びついて，**酸化銅**になったからである。

$$2Cu + O_2 \longrightarrow 2CuO$$

④石油やエタノールなどの有機物が燃えるのは，空気中の酸素によって**酸化**されるからである。これは激しく熱や光を出す反応なので，**燃焼**である。

②②③酸化銅を活性炭（炭素）で**還元**すると，銅と二酸化炭素ができる。この反応では，酸化銅が還元されて銅になるのと同時に，炭素が酸化されて二酸化炭素になる。このように，酸化と還元は同時に起こる。

④ある物質の酸化物から酸素をとり除くには，その物質よりも酸素と結びつきやすい物質を利用すればよい。水素やエタノールなどは，銅に比べて酸素と結びつきやすい性質があるため，酸化銅を還元するときに使われる。

③③鉄が酸素と結びつく反応は，熱が発生する**発熱反応**である。市販の携帯用かいろに利用されている。

④④⑤水酸化バリウム水溶液と硫酸の反応では，**硫酸バリウム**の白い沈殿がビーカーの底にたまるが，気体の出入りがないので，全体の質量は変化しない。

⑤⑤⑥グラフは原点を通る直線となっている。よって，比例の関係があることがわかる。

⑦⑧結びついた酸素の質量＝加熱後の質量－金属の質量，で求めることができる。

銅0.8 g と結びついた酸素は0.2 g である。
銅：酸素＝0.8：0.2＝4：1
マグネシウム1.2 g と結びついた酸素は0.8 g である。マグネシウム：酸素＝1.2：0.8＝3：2

入試につながる

●酸化銅の炭素による還元

酸化銅と活性炭の混合物

逆流しないようにガラス管をぬいてから加熱をやめる

銅
赤(茶)色になる！

二酸化炭素
石灰水が白くにごる！

酸化銅 ＋ 炭素 → 銅 ＋ 二酸化炭素
還元
酸化

●金属と結びつく酸素の質量

空気とふれさせるため広げて加熱

金属

・銅 —加熱→ 酸化銅　黒色に変化！

・マグネシウム —加熱→ 酸化マグネシウム　白色に変化！

・結びつく酸素の質量は金属の質量に比例する

・金属と酸素の質量比
銅：酸素＝4：1

マグネシウム：酸素＝3：2

ステップ 2		

1 (1)白くにごる。　(2)二酸化炭素　(3)⦅⦆　(4)銅　(5)①還元　②酸化
(6) 2CuO＋C ⟶ 2Cu＋CO₂

2 (1)⦅⦆　(2)発熱反応　(3)外袋で密閉され，空気中の酸素が鉄粉と結びつくことができないから。　(4)①吸熱反応　②発熱反応

3 (1)⦅⦆　(2)⦅⦆　(3)⑦　(4)容器の外に逃げた気体の分だけ，質量が減少したから。

4 (1)物質名…酸化銅　化学式…CuO　(2)黒色　(3)比例の関係　(4)2.5(g)
(5)0.5(g)　(6)5.0(g)　(7)4：1　(8)1(個)　(9)4(倍)

解説

1 (1)(2) 酸化銅と活性炭(炭素)の混合物を加熱すると，酸化銅は炭素によって還元されて銅になり，炭素は酸素と結びついて二酸化炭素になる。二酸化炭素の検出には石灰水が使われ，二酸化炭素と反応して白くにごる。

(3) 酸化銅は黒色，銅は赤(茶)色の物質である。

(4) 加熱すると，混合物の色が黒色から赤(茶)色に変化する。このことから，酸化銅が銅に変化したと考えられる。

(6) 化学反応式の書き方の手順は，次のとおりである。

①反応前の物質を左辺，反応後の物質を右辺に，化学式で正確に表す。

②矢印の左辺と右辺で，原子の種類と数が等しくなるようにする。

書き終わった後に，もう1度，式の左辺と右辺の原子の種類と数を確かめておこう。

酸化銅＋炭素 ⟶ 銅＋二酸化炭素

① CuO＋C ⟶ Cu＋CO₂

② 2CuO＋C ⟶ 2Cu＋CO₂

2 (1) 携帯用かいろは，中の鉄粉が空気中の酸素と結びついたときに発生する熱を利用したものである。活性炭や食塩水は，この反応を起こりやすくするために使われており，これらが直接反応して熱を発生させているわけではない。

食塩は鉄の酸化をはやめるはたらきがあり，活性炭は食塩水を保水し，酸素を吸着して酸素濃度を高めるはたらきをしている。

(2) 熱が発生する反応を発熱反応という。

(3) 外袋を開ける前にかいろがあたたかくならないのは，空気中の酸素とふれないようにして，中の鉄粉が酸化するのを防いでいるからである。

(4)① 塩化アンモニウムと水酸化バリウムが反応すると，アンモニアが発生する。

3 (1)(2) 炭酸水素ナトリウムが塩酸と反応すると，二酸化炭素と塩化ナトリウムと水ができる。気体である二酸化炭素が容器の外に逃げなければ，反応の前後で容器全体の質量は変わらない。

4 (1) 銅を加熱すると，空気中の酸素と結びついて，黒色の酸化銅ができる。これを，化学反応式で表すと，

2Cu ＋ O₂ ⟶ 2CuO
　銅　　酸素　　　酸化銅

(4) グラフから，銅2.0 gのときの生成物(酸化銅)の質量を読み取る。

(5) 質量保存の法則より，
結びついた酸素の質量＝
生成物の質量－銅の質量
よって，2.5－2.0＝0.5 より 0.5 g

(6) 銅の質量と生成物の質量は比例しているので，銅の質量が2倍になると，生成物の質量も2倍になる。
2.5×2＝5.0 より 5.0 g

(7) 銅の質量：酸素の質量＝2.0：0.5
　　　　　　　　　　　　＝4：1

(8) 酸化銅の化学式は CuO

(9) 酸化銅は，銅原子1個と酸素原子1個からできているので，(7)より，
銅原子1個の質量：酸素原子1個の質量＝4：1

第7日 生物の体のつくりとはたらき

本冊 p.28～31

ステップ1

① ①核　②細胞膜　③葉緑体　④組織　⑤器官

② ①葉緑体　②二酸化炭素　③酸素　④呼吸　⑤多

③ ①道管　②師管　③維管束　④気孔　⑤蒸散

④ ①消化管　②消化酵素　③柔毛　④肺(肺胞)　⑤細胞　⑥赤血球　⑦血しょう
　⑧肺循環　⑨体循環　⑩酸素　⑪二酸化炭素　⑫細胞呼吸(細胞による呼吸)
　⑬肺胞　⑭酸素　⑮尿素　⑯尿

⑤ ①中枢神経　②末しょう神経　③反射　④脊髄　⑤筋肉　⑥けん
　⑦関節

+α

①①核の観察には，酢酸オルセイン(溶液)や酢酸カーミン(溶液)などの染色液を用いる。
③細胞膜と葉緑体，液胞も細胞質の一部。

②①植物は葉緑体をもち，光合成を行いデンプンなどをつくる。
④植物も動物と同じように呼吸をしている。呼吸は，光に関係なく昼も夜も行われている。夜は呼吸だけを行い，二酸化炭素を出している。

③①着色した水にさしておいた植物の茎の内部を観察したとき，着色された部分が道管である。
③維管束は，ホウセンカなどの双子葉類では輪状に並ぶが，トウモロコシなどの単子葉類では散らばっている。

④①消化管は，口→食道→胃→小腸→大腸→肛門と1本につながっている。

②消化酵素は，決まった物質にだけはたらく。
　アミラーゼ(だ液)…デンプンを分解
　ペプシン(胃液)…タンパク質を分解

⑥血液の成分とはたらきは，次のとおり。

赤血球 酸素を運ぶ
血小板 出血時に血液を固める
白血球 異物や細菌を分解
血しょう (栄)養分や不要な物質をとかして運ぶ

⑦血しょうの一部は，毛細血管からしみ出て細胞のまわりを満たす組織液になる。

⑤③反射では，刺激の信号が脳までいかずに，脊髄で命令が出される。このため，すばやく反応でき，危険などから身を守るのに役立つ。
⑤うでの筋肉は骨の両側にあり，1対ではたらく。

入試につながる

○光合成の実験

光
エタノール
ヨウ素(溶)液につける
水洗い
ふ入り(葉緑体がない)
アルミニウムはく
エタノールにつける
葉を脱色するため
Aの部分が青紫色に変化！
デンプン

☆光合成に必要なものは，
・AとBより…葉緑体
・AとCより…光

○だ液のはたらき

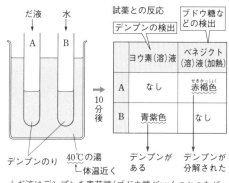

だ液　水
A　B
10分後

	ヨウ素(溶)液	ベネジクト(溶)液(加熱)
	デンプンの検出	ブドウ糖などの検出
A	なし	赤褐色
B	青紫色	なし

デンプンのり　40℃の湯 体温近く
A：デンプンがある
A：デンプンが分解された

☆だ液はデンプンを麦芽糖(ブドウ糖がいくつかつながったもの)に分解する

1 (1)①細胞膜　②核　　(2)③葉緑体　④液胞　⑤細胞壁　　(3)植物の体を支える。

2 (1)葉をやわらかくして、葉を脱色しやすくするため。
(2)エタノール　　(3)⑦　　(4)デンプン

3 (1)A　　(2)⑦維管束　④道管　⑨師管　　(3)④　　(4)⑦(と)④(順不同)

4 (1)ヨウ素(溶)液…デンプン　ベネジクト(溶)液…麦芽糖(ブドウ糖がいくつかつながったもの)・ブドウ糖　　(2)B　　(3)A　　(4)デンプンを分解するはたらき。

5 (1)D感覚神経　E運動神経　　(2)脊髄　　(3)末しょう神経
(4)①D→B　②D→C→E　③D→B→A→E

6 (1)ⓐ肺動脈　ⓑ肺静脈　ⓒ(大)静脈　ⓓ(大)動脈　　(2)体循環
(3)⑦①　④②　⑨③　④④

解説

1 (2)　植物の細胞にだけ見られるのは、葉緑体と細胞壁。また、液胞をもつものが多い。液胞には、糖や不要な物質がとけており、植物の成長した細胞でよく発達している。「3つ答えよ」という問題であれば、液胞も答える。

(3)　植物の細胞には、細胞膜の外側に厚くてじょうぶな細胞壁があり、植物の体を支えている。

2 (1)　エタノールにつけるのは、葉から緑色の色素を除いてヨウ素(溶)液による色の変化を観察しやすくするため。湯につけるのは、葉をやわらかくして葉の緑色の色素がエタノールにとけ出しやすくするためである。

(3)　アルミニウムはくでおおった部分には光が当たらないので、光合成は行われない。

3 (1)　ホウセンカは双子葉類なので、茎の維管束は輪のように並んでいる。

(2)　維管束⑦は、道管と師管からできており、茎の中心側に道管、外側に師管がある。

(4)　アブラナとヒメジョオンが双子葉類である。ムラサキツユクサとユリは単子葉類で、維管束は図のBのように散らばっている。

4 (1)　ヨウ素(溶)液はデンプンを検出する薬品で、デンプンと反応して青紫色になる。ベネジクト(溶)液はブドウ糖や麦芽糖(ブドウ糖がいくつかつながっ

たもの)を検出する薬品で、加えて加熱すると、赤褐色の沈殿ができる。

(2)(3)　だ液を入れたAでは、デンプンが分解されている。水を入れたBは、デンプンは分解されずに残っている。

5 (3)　脳と脊髄は中枢神経とよばれ、ここから細かく枝分かれした末しょう神経が体中に出ている。末しょう神経には、感覚神経と運動神経があり、刺激や命令を伝えている。

(4)　「熱い」と感じるところは脳なので、②以外はBを通る。②では、刺激が脳に伝わる前に、脊髄が「手を引っこめよ」という命令を出す反応、つまり、反射が起こっている。

感覚器官	刺激 →	脊髄	命令 →	運動器官
(皮膚)	感覚神経		運動神経	(筋肉)

6 (1)　心臓から出る血液が流れている血管が動脈、心臓にもどる血液が流れている血管が静脈。したがって、血液が心臓から出ているか、もどっているかの向きから考える。動脈のうち、肺へ向かうⓐを肺動脈という。同様に、肺から心臓にもどるⓑは肺静脈という。

(3)　肺で酸素(④)を受けとった血液は心臓にもどり、心臓から全身に向かう。血液は酸素や(栄)養分(④)を体の細胞に渡し、細胞からは、細胞の活動によってできた二酸化炭素や不要な物質(⑨)を受けとる。全身をめぐってきた血液は二酸化炭素(⑦)を肺胞内に出す。

ステップ 1	
①	①圧力　②(大)気圧　③1013　④晴れ　⑤北東　⑥3　⑦湿度表
②	①飽和水蒸気量　②大きく　③露点　④水滴　⑤湿度　⑥上昇気流 ⑦下降気流　⑧膨張　⑨雲　⑩霧
③	①高気圧　②低気圧　③下降　④上昇　⑤寒冷　⑥温暖 ⑦せまい　⑧下がる　⑨弱い　⑩上がる
④	①海風　②陸風　③季節風　④偏西風　⑤西　⑥東　⑦シベリア ⑧西高東低(型)　⑨晴れ　⑩小笠原　⑪オホーツク海

+α

①⑦**湿度**は，乾球温度計と湿球温度計の示度の差から，湿度表を用いて求める。次の場合，湿度は72％である。

湿度表

	乾球と湿球の示度の差〔℃〕				
	0.0	1.0	2.0	3.0	4.0
乾20	100	91	81	72	64
球19	100	90	81	72	63
の18	100	90	80	71	62
示17	100	90	80	70	61
度16	100	89	79	69	59
〔℃〕15	100	89	79	68	58

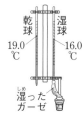

乾球 19.0℃　湿球 16.0℃
湿ったガーゼ

②⑤空気中に水蒸気が飽和しているときが**湿度100％**である。

⑨**雲**ができるのは，上昇気流があるところで，次のような場合である。
・風が山の斜面にぶつかったとき。
・強い日射で地面が熱せられたとき。
・前線面。
・低気圧の中心付近。

③①**高気圧**の中心付近では，ふき出した大気を補うように**下降気流**が起きる。このため雲ができにくく，天気は晴れることが多い。

②**低気圧**の中心に向かって風がふきこむため，**上昇気流**が起きる。そのため，雲ができやすく，天気がくもりや雨になることが多い。

⑤**寒冷前線**…寒気が暖気を押し上げるように進むため，前線面の傾きが急。

⑥**温暖前線**…暖気が寒気の上にはい上がるように進むため，前線面の傾きはゆるやか。

④①〜③**海風や陸風，季節風**は，陸は海よりもあたたまりやすく冷めやすいために生じる。

④**偏西風**は日本付近の上空を1年中ふいている西よりの風である。

⑤⑥一般に高気圧は移動しないが，移動するものもあり，これを**移動性高気圧**という。

入試につながる

○雲をつくる実験

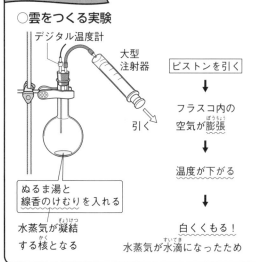

デジタル温度計
大型注射器
引く

ピストンを引く
↓
フラスコ内の空気が膨張
↓
温度が下がる
↓
白くくもる！
水蒸気が水滴になったため

ぬるま湯と線香のけむりを入れる
水蒸気が凝結する核となる

○前線の通過と天気の変化

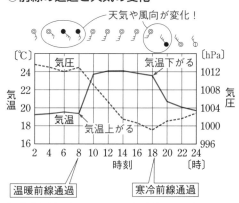

天気や風向が変化！

温暖前線通過
・気温が上がる
・南よりの風に変化

寒冷前線通過
・気温が下がる
・北よりの風に変化

1 (1) 9.6 N (2) 4800 Pa (3) C(面)

2 (1) 0 ～ 1 (2)ウ

3 (1)ウ (2) B (3)飽和水蒸気量 (4)イ，ウ (5)湿度 67 % 温度ウ
(6)等しい。 (7) ⓐ

4 (1) 18(時) (2) 8 (時～) 10(時) (3) 18(時～) 20(時) (4)急に下がった。
(5)南(よりから)北(よりに) (6) C

5 (1) Aエ B ウ C イ D ア (2)春と秋 C 夏 D 夏の前後 A 冬 B
(3)寒冷前線 (4)小笠原気団(と)オホーツク海気団(順不同) (5)移動性高気圧 (6)イ

解説

1 (1) 物体が机を押す力の大きさは，物体
にはたらく重力の大きさと等しい。

(2) 9.6 N ÷ (0.05×0.04) m²
= 4800 N/m² = 4800 Pa

(3) 面積が大きいほど，圧力は小さくなる。

3 (1)(7) 空気は上昇すると，気圧が低くなるため膨張する。空気は膨張すると温度が下がる。したがって，気圧が低い上空ほど，空気の温度は低くなる。

(2) 雲ができはじめた高さは，水滴がで
きはじめた高さである。

(3) 空気中の水蒸気量が飽和水蒸気量に
達すると，水蒸気が水滴になりはじめ，
雲ができはじめる。

(4) 雲の中では水滴ができているので，
湿度は 100 %。

(5) 湿度〔%〕=
$\frac{空気1 m^3中にふくまれる水蒸気量〔g/m^3〕}{その温度での飽和水蒸気量〔g/m^3〕}$×100

グラフから，30℃での飽和水蒸気量
は，30 g/m³ なので，湿度は，
20÷30×100 = 66.6… より，小数第一
位を四捨五入して 67 %

雲ができはじめる温度は，その空気
の露点である。したがって，その空気
の水蒸気量の 20 g/m³ が飽和水蒸気量
と同じになる温度を，グラフから読み
取ればよい。

(6) どちらも 1 m³ 中の水蒸気量は 20 g
で等しいため，雲ができはじめる温度，
つまり露点も等しい。

4 (1) もっとも気圧が低いときが，もっと
も低気圧の中心に近づいたときである。

グラフから気圧がもっとも下がった
のは 18 時。

(2) 温暖前線が通過すると，暖気におお
われるため気温が上がり，南よりの風
に変わる。

(3)～(5) 寒冷前線が通過するときには，
強い雨が短時間にせまい範囲で降り，
通過後は，寒気におおわれるため気温
が下がり，風は南よりから北よりの風
に変わる。よって，急に気温が下がり，
風向が変化した時刻を読みとればよい。

(6) 図1より，この地点では，温暖前線
が通過後，寒冷前線が通過している。
日本では，偏西風の影響で低気圧は西
から東へ移動するため，この地点は2
つの前線より西側にあると考えられる。
また，天気図は 20 時，つまり寒冷前
線が通過直後のものなので，観測した
地点は寒冷前線に近い C となる。

5 (1)～(5) A は停滞前線が日本の南に東
西にのびている梅雨または秋雨の天気
図である。停滞前線は，オホーツク海
気団と小笠原気団がぶつかり合ってで
きる。B は西高東低(型)の気圧配置で，
等圧線が縦じま状になっている典型的
な冬の天気図である。C は日本付近を
高気圧がおおっているが西に低気圧が
あり，これらが交互に通過するため周
期的に天気が変わる春と秋の天気図。
D は南から小笠原気団が大きくはり
出している典型的な夏の天気図。あた
たかく湿った季節風がふき，蒸し暑い
日が続く。

ステップ 1	
①	①回路　②回路図　③直列回路　④$I_1 = I_2 = I_3$　⑤$V_1 + V_2$　⑥並列回路 ⑦$I_1 + I_2$　⑧$V_1 = V_2$　⑨直列　⑩並列
②	①電気抵抗(抵抗)　②オーム　③比例　④オームの法則　⑤RI　⑥$R_1 + R_2$ ⑦$\dfrac{1}{R_1} + \dfrac{1}{R_2}$　⑧導体　⑨不導体(絶縁体)
③	①電力　②ワット　③積　④熱量(熱の量)　⑤ジュール　⑥積　⑦電力量 ⑧ジュール　⑨積
④	①静電気　②しりぞけ(反発し)　③引き　④放電　⑤真空放電 ⑥陰極線(電子線)　⑦電子　⑧－　⑨X　⑩放射線　⑪放射性物質

+α

①⑦**並列回路**では，枝分かれした電流の大きさの和 $I_1 + I_2$ は，分かれる前の電流 I の大きさに等しい。このような性質は，電流の流れを水の流れに置きかえて考えるとわかりやすい。

②⑥⑦２個の抵抗器をつないだとき，回路全体の抵抗 R は，各抵抗を R_1，R_2 とすると，次の式で求めることができる。

直列回路：$R = R_1 + R_2$

並列回路：$\dfrac{1}{R} = \dfrac{1}{R_1} + \dfrac{1}{R_2}$

③①**電力**は，電圧が大きく，電流が大きいほど大きくなる。

電力〔W〕= 電圧〔V〕× 電流〔A〕

④電流による発熱量は，電力と電流を流した時間に比例する。

電流による発熱量〔J〕= 電力〔W〕× 時間〔s〕

⑤**熱量**の単位には，日常生活で使われているカロリー(cal)もある。1 J は約 0.24 cal

⑧**電力量**の単位は，ジュール(J)のほかにワット時(Wh)がある。1 Wh とは，1 W の電力を１時間使ったときに消費する電力量。電気料金の計算に用いられる値。

電力量〔Wh〕= 電力〔W〕× 時間〔h〕

④①**静電気**を帯びるとき，一方は＋の電気，もう一方は－の電気を帯びる。

入試につながる

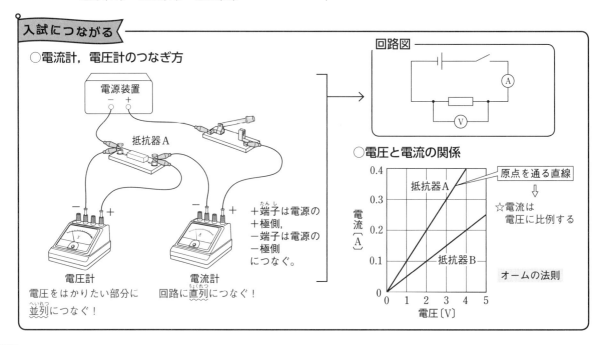

○電流計，電圧計のつなぎ方

電源装置
－　＋

抵抗器A

電圧計　　　　電流計

＋端子は電源の＋極側，－端子は電源の－極側につなぐ。

電圧計
電圧をはかりたい部分に並列につなぐ！

電流計
回路に直列につなぐ！

回路図

○電圧と電流の関係

抵抗器A　　原点を通る直線
⇓
☆電流は電圧に比例する

抵抗器B

オームの法則

（グラフ：縦軸 電流〔A〕0〜0.4，横軸 電圧〔V〕0〜5）

<table>
<tr><td rowspan="8">ステップ
2</td><td>**1**</td><td colspan="3">(1)直列回路　　(2)⑦　　(3)点灯しない　　(4)右図</td></tr>
<tr><td>**2**</td><td colspan="3">(1)B 点…250(mA)　C 点…250(mA)　D 点…250(mA)　　(2)D 点</td></tr>
<tr><td></td><td colspan="3">(3)F 点　　(4)B 点…450(mA)　D 点…200(mA)　E 点…250(mA)</td></tr>
<tr><td></td><td colspan="3">(5)AC 間…5.1(V)　BD 間…4.8(V)　BC 間…3.9(V)</td></tr>
<tr><td></td><td colspan="3">(6)EF 間…4.5(V)　AB 間…4.5(V)　電源…4.5(V)</td></tr>
<tr><td>**3**</td><td colspan="3">(1)比例の関係　　(2)オームの法則　　(3)0.4(A)　　(4)20(Ω)　　(5)30(Ω)　　(6)⑦</td></tr>
<tr><td>**4**</td><td colspan="3">(1)90(W)　　(2)A…60(W)　B…30(W)　　(3)18000(J)　　(4)⑦</td></tr>
<tr><td>**5**</td><td colspan="3">(1)同じ種類　　(2)ちがう種類　　(3)引き合う　　(4)引き合う</td></tr>
</table>

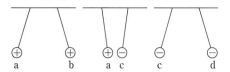

解説

1 (3) 直列回路は，電流の通り道が 1 本なので，回路が切れると電流は流れない。

2 (1) 図 1 は，直列回路なので，回路の各部分を流れる電流の大きさは同じ。

(2) 豆電球に入る電流と豆電球から出る電流の大きさは等しい。

(4) 図 2 は，並列回路なので，枝分かれする前の電流の大きさは，枝分かれした後の電流の大きさの和に等しい。つまり，A 点の電流の大きさは，C 点と E 点の電流の大きさの和に等しい。よって，E 点の電流の大きさは，
450 − 200 = 250 より，250 mA

(5) 直列回路では，電源の電圧は，各豆電球に加わる電圧の和に等しい。
AC 間の電圧：6.0 − 0.9 = 5.1 より 5.1 V
BD 間の電圧：6.0 − 1.2 = 4.8 より 4.8 V
BC 間の電圧：6.0 − (1.2 + 0.9) = 3.9 より 3.9 V

(6) 並列回路なので，各豆電球に加わる電圧は同じで，電源の電圧に等しい。つまりすべて 4.5 V となる。

3 (1) グラフは原点を通る直線となっているので，比例の関係にあることがわかる。

(3) グラフから，抵抗器 A が 4 V のときの電流の値を読みとればよい。

(4) グラフから，抵抗器 B の電圧と電流を読みとる。電圧 2 V のとき電流は 0.1 A。

$$抵抗〔Ω〕 = \frac{電圧〔V〕}{電流〔A〕}$$

2 V ÷ 0.1 A = 20 Ω

(5) 抵抗器 A の抵抗を，(4)と同じように

求める。2 V ÷ 0.2 A = 10 Ω
直列回路の全体の抵抗は，各抵抗の和なので，10 + 20 = 30 より，30 Ω

(6) 抵抗器を並列につなぐと，回路全体の抵抗はそれぞれの抵抗より小さくなる。

4 (1) 直列回路なので，回路全体に流れている電流は，ビーカー A に入っている電熱線の電流の大きさ 1 A に等しい。
電力〔W〕= 電圧〔V〕× 電流〔A〕
90 V × 1 A = 90 W

(2) A の水の量は B の 2 倍で，水温が同じだけ上昇したから，A は B の 2 倍の熱量を発生したことになる。よって，A の消費電力は B の 2 倍である。

(3) 電流による発熱量〔J〕= 電力〔W〕× 時間〔s〕
5 分間は，60 × 5 = 300 より，300 秒。
60 W × 300 s = 18000 J

(4) 並列つなぎにすると，回路全体を流れる電流の大きさは大きくなるため，消費電力も大きくなる。

5 (1) 同じ種類の電気…しりぞけ(反発し)合う。ちがう種類の電気…引き合う。

(3) 仮に a が + の電気を帯びていると考えると，(1)(2)から考えて，b は +，c は − の電気を帯びていることになる。つまり，b と c はちがう種類の電気を帯びている。

(4) 同じように考えると，d は − の電気を帯びていることになるため，a と d はちがう種類の電気を帯びている。

① ①磁力　②磁界　③磁界の向き　④磁力線　⑤N　⑥S　⑦磁界　⑧磁界　⑨電流　⑩大きく

② ①力　②逆　③大きく　④モーター　⑤整流子

③ ①電磁誘導　②誘導電流　③速く　④速く　⑤強い　⑥ふやす　⑦逆　⑧逆　⑨発電機　⑩磁石

④ ①直流　②交流　③周波数　④ヘルツ(Hz)　⑤D

+α

①③磁界の中に方位磁針を置くと，**磁界の向き**にそって針が静止する。方位磁針のN極がさす向きが磁界の向きである。

⑧コイルの外側には，コイルをつくる導線のまわりにできた磁界が重なり合って，棒磁石とよく似た磁界ができる。このため，コイルの両端にN極とS極にあたる部分ができる。

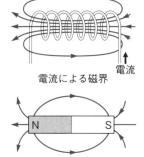

電流による磁界

棒磁石の磁界

②②磁界の向きと電流の向きを，両方とも逆向きにすると，導線の受ける力の向きははじめと同じになる。

③②誘導電流の向き

・N極を近づけるときと，遠ざけるときは逆。

・N極を近づけるときと，S極を近づけるときは逆。

・磁石の動きを止めると電流は流れない。

⑨発電所の**発電機**も，磁石の回転によって電流を発生させている。また，磁石の間でコイルを回転させる形式の発電機もある。

④②発電所の発電機は，磁石の回転によって発電するため，電流の向きが周期的に変わる。

入試につながる

○**電流が磁界から受ける力**

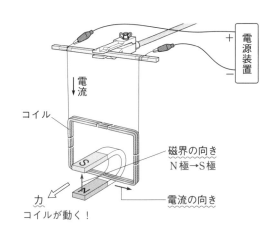

電源装置

電流

コイル

磁界の向き
N極→S極

電流の向き

力

コイルが動く！

・電流の向きを逆にする…力の向きは逆。

・磁界の向きを逆にする…力の向きは逆。

○**コイルと磁石による発電**

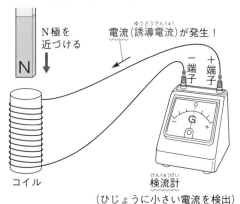

N極を近づける

電流(誘導電流)が発生！

一端子

＋端子

コイル

検流計
(ひじょうに小さい電流を検出)

・磁石を近づけるときと遠ざけるとき…電流の向きは逆。

・磁石のN極とS極を逆にする…電流の向きは逆。

・磁石を動かさない…電流は流れない。

<table>
<tr><td rowspan="11" style="background-color:black;color:white">ステップ
2</td><td>**1**</td><td>(1) A(と)E　　(2) B</td></tr>
</table>

1 (1) A(と)E　　(2) B

2 (1) a④　b④　c④　d⑦　　(2) X　　(3)⑦，⑤

3 (1) b　　(2) c　　(3) d　　(4)⑦，⑤

4 (1)④　　(2) D(→)C(→)B(→)A　　(3) b　　(4)整流子

　　(5)①電流　②半回転　③力

5 (1)電磁誘導　　(2)右　　(3)左に振れた後，右に振れる。

　　(4)強い磁力の棒磁石を使う。棒磁石を速く動かす。

6 (1)交流　　(2)① B　② A　　(3)⑦

解説

1 (1) 棒磁石の磁界の向きは，N極から出てS極に入る向きなので，図のようになる。また，同極どうしは磁力線がしりぞけ合っている。

(2) 電流による磁界の向きは，右ねじを回す向きである。

2 (1) 右手の親指以外の4本の指先の向きを，電流の流れる向きに合わせると，親指の向きがコイルの内側の磁界の向きになる。

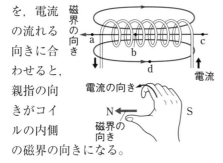

(2) 上の図の親指の向きにN極がある。

(3) コイルに電流を流したときの磁界は，電流を大きくしたり，コイルの巻数を多くしたりすることで強くなる。

3 (1) 磁石の磁界の向きは，N極→S極。

(2)(3) 電流が磁界から受ける力の向きは，電流の向きを逆にすると逆になり，磁界の向きを逆にすると逆になる。

(4) 電流が磁界から受ける力は，電流を大きくしたり，磁石の磁界を強くしたりすることで大きくなる。

4 (3) コイルのABとCDでは，電流の向きはそれぞれB→A，D→Cなので，電流が磁界から受ける力の向きは逆。

(4)(5) モーターを同じ向きに回転させ続けるため，コイルに流れる電流の向きを半回転ごとに切りかえるはたらきをするのが整流子とブラシである。

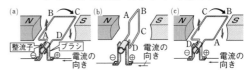

5 (2) 誘導電流の向きは，磁石をコイルに近づけるときと遠ざけるときでは逆になる。

(3) 棒磁石のN極を水平に動かすと，N極は最初コイルに近づき，その後遠ざかることになる。

N極を 近づける	N極を 遠ざける	S極を 近づける	S極を 遠ざける
⇓N	⇑N	⇓S	⇑S

磁界の変化と誘導電流の向き

(4) 誘導電流の大きさは，

①磁石を速く動かすほど大きい。

②磁石の磁力が強いほど大きい。

③コイルの巻数が多いほど大きい。

6 (2) 乾電池から流れる電流は，向きが変わらない直流。家庭のコンセントからは，向きと大きさが周期的に変わる交流が流れている。

(3) 自転車の発電機で発生する電流は交流。発光ダイオードは，一方向にしか電流を流さないので，向きが変わる交流を流すと，光ったり消えたりをくり返す。

1 (1) A 斑晶　B 石基　　(2)斑状組織　　(3) D　　(4)マグマのねばりけ　　(5)⑦

2 ⑨

3 (1)対照実験　　(2)① B　②二酸化炭素

③タンポポの葉が光合成を行うときに二酸化炭素を使ったから

4 (1)右図　　(2) C　　(3)気温が朝から時間とともに上昇し、昼過ぎに最も高く

なり、その後しだいに下がっており、湿度が日中は低くなっているから。

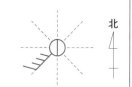

北

解説　1 (1)(2) 比較的大きな鉱物の結晶(斑晶)と、形がわからないほどの小さな鉱物やガラス質の部分(石基)からなるつくりを斑状組織といい、火山岩に見られる。

(3) 図3と図4では、図3のほうが盛り上がった形をしているので、ねばりけが大きいと考えられる。小麦粉が多いほどねばりけは大きくなるので、図3はDをしぼり出したものと考えられる。

(4) マグマのねばりけが大きいほど盛り上がったドーム状の火山、マグマのねばりけが小さいほど傾斜がゆるやかな形の火山になる。

(5) 玄武岩、流紋岩は火山岩であり、花こう(崗)岩、斑(はん)れい岩は深成岩である。図1のようなつくりをもつのは火山岩なので、玄武岩か流紋岩と考えられる。図4のような形の火山で見られる火成岩(マグマのねばりけが小さい)は黒っぽい色をしている。玄武岩は黒っぽく、流紋岩は白っぽい。

2 消化された(栄)養分を吸収する器官は、Bの小腸である。A は胃であり、食物を細かくするとともに、胃液を出す。C は肝臓であり、アンモニアを尿素に変えるなどのはたらきがある。D はじん臓であり、尿素などの不要な物質を、余分な水分や塩分とともに血液中からこし出し、尿をつくる。

3 (2) ヒトの息には空気中より二酸化炭素が多く含まれるため、試験管Bの石灰水は白くにごる。タンポポの葉に太陽の光を当てると光合成が行われ、二酸化炭素が使われる。そのため、試験管 A に含まれる二酸化炭素は試験管 B に含まれる二酸化炭素より少なくなり、石灰水は白くにごらない。

4 (2) 寒冷前線が通過すると、気温が急激に下がり、風向が北よりに変わる。

(3) 晴れの日は、気温と湿度は逆の変化をし、気温が高くなると、湿度は低くなることが多い。

入試につながる

1 火山岩と深成岩のつくりやでき方についてはよく出題される。実験を通して、マグマのねばりけによって火山の形にちがいができること、また、マグマのねばりけによって火成岩の色にちがいができることも確認しておこう。

2 胃、小腸、肝臓、じん臓の位置と、そのはたらきについてしっかり整理して覚えておこう。

3 光合成のはたらきを調べる実験では、手順と結果について、対照実験をする目的とともにしっかり理解しておこう。石灰水によって二酸化炭素の量の変化を調べられること、光合成によって二酸化炭素が使われることを理解しておこう。

4 天気、風向、風力から、天気図記号をかけるようにしておこう。寒冷前線の通過による気温や風向の変化、晴れの日の気温や湿度の変化の特徴を理解し、グラフを読み取り、寒冷前線が通過した時間帯や晴れた日を判断できるようにしておこう。

1　(1)磁力　　(2)C, D　　(3)⑦　　(4)①電磁誘導　② A(と)D, C(と)F
2　(1)振動数　単位…ヘルツ　　(2)①　　(3)エ
3　(1)①①　②エ　　(2)⑦　　(3)二酸化炭素…0.44 g　黒色の酸化銅…0.40 g
4　(1)再結晶　　(2)塩化ナトリウムは，温度による溶解度の差が小さく，温度を下げたときに出てくる
結晶の量が少ないから。　　(3)28 %　　(4)エ

解説

1　(1) 磁石どうしが，引き合ったり，しりぞけ(反発し)合ったりする力を磁力（じりょく）という。

(2) 検流計（けんりゅうけい）の針(指針)は，電流が＋端子（たんし）から流れこむと右，－端子から流れこむと左に振れる。電流が流れないと，針は振れない。したがって，電流が＋端子から流れこんだのは，CとDである。

(3) 右ねじの進む向きに電流が流れると，右ねじを回す向きに磁界（じかい）ができる。したがって，コイルPの内部には，上向きの磁界ができる。

(4)① コイルの内部の磁界が変化したとき，コイルに電流が流れる現象を電磁（でんじ）誘導（ゆうどう）といい，電磁誘導によって流れる電流を誘導電流（ゆうどうでんりゅう）という。

② AとDは，コイルPに近づける棒磁石（ぼう）の極だけがちがい，電流の向きが逆になっている。

CとFは，コイルPから遠ざける棒磁石の極だけがちがい，電流の向きが逆になっている。

2　(1) 弦（げん）が1秒間に振動する回数のことを振動数（しんどうすう）といい，単位にはヘルツ(Hz)が用いられる。

(2) 音をオシロスコープの画面に表示させると，①のような波の形になる。

(3) エのように，弦の張りを強くすると，音は高くなる。

⑦のように，コマを移動させ，弦の長さを長くすると，音は低くなる。

①のように，弦をはじく力を強くすると，音の高さは変わらず，大きさが大きくなる。

3　(1)① 銅は金属なので，電気をよく通すが，磁石にはつかない。

② 酸化とは物質が酸素と結びつく化学変化，還元（かんげん）とは酸化物から酸素がとり除かれる化学変化のことである。酸化銅と炭素の粉末を加熱すると，酸化銅は還元されて銅ができ，炭素は酸化されて二酸化炭素ができる。

(2) 二酸化炭素を通すと白く濁（にご）る液体は，石灰水（せっかいすい）である。

(3) 酸化銅 2.00 g と炭素の粉末 0.12 g の混合物(2.12 g)から，酸化銅と銅の混合物(1.68 g)ができたことから，発生した二酸化炭素の質量は 2.12−1.68 ＝0.44 より 0.44 g である(質量保存の法則)。二酸化炭素 0.44 g は，炭素 0.12 g と酸素が結びついてできる。このときの酸素の質量は 0.44−0.12＝0.32 より 0.32 g である。還元前の酸化銅の酸素の質量は，

$2.00 \times \dfrac{1}{5} = 0.40$ より 0.40 g である。この酸素のうち，炭素と結びついたものは 0.32 g なので，試験管Pに残った酸化銅の酸素は 0.40−0.32＝0.08 より 0.08 g である。残った酸化銅は 0.08×5＝0.40 より 0.40 g である。

4 (1) 温度を下げるなどして，いったん水などにとかした物質を純粋な物質(純物質)としてとり出すことを再結晶という。
(2) 塩化ナトリウムは，温度による溶解度の変化が小さい。
(3) 溶質の質量は38.0 g，水溶液の質量は $100+38.0=138.0$ より 138.0 gである。$38.0÷138.0×100=27.5…$ より 28 %である。

(4) 20 ℃の水150 gにミョウバンは $11.4×\dfrac{150}{100}=17.1$ より 17.1 gとける。したがって，40℃の水溶液を20℃まで冷やすと，$30-17.1=12.9$ より 12.9 gの結晶が出てくる。40℃の水150 gにミョウバンは $23.8×\dfrac{150}{100}=35.7$ より 35.7 gとけるので，水溶液を冷やし始めても，しばらくは結晶が出てこないと考えられる。

入試につながる

1 磁力の言葉の意味や検流計に流れる電流の向きと針(指針)の振れの向きの関係をしっかり覚えておこう。
コイルに流れる電流の向きと磁界の向きの関係はよく出題される。
電磁誘導の言葉の意味や，棒磁石の動かし方と誘導電流の向きの関係を理解しておこう。

2 振動数の言葉の意味やその単位についてしっかり覚えておこう。
音が発生したときのオシロスコープに表示される画面のようすの特徴，モノコードの音の高さや大きさの変え方はよく出題される。

3 酸化銅と炭素の粉末を加熱すると，酸化銅は還元されて銅ができ，炭素は酸化されて二酸化炭素ができることを覚えておき，銅は赤(茶)色で金属の性質を示すこと，二酸化炭素は石灰水を白く濁らせることを理解しておこう。
化学変化の前後で物質全体の質量は変わらないこと(質量保存の法則)，化学変化に関係する物質の質量の比を使って計算し，目的の物質の質量を求められるようにしておこう。

4 再結晶の言葉の意味をしっかり覚えておこう。
塩化ナトリウムなどの温度による溶解度の変化が小さい物質では，温度を下げてもほとんど結晶が出てこないことを理解しよう。
溶質，溶媒の質量から，溶液の質量パーセント濃度を求められるようにしよう。
水溶液を冷やし始めてからの時間と出てくる結晶の質量の関係をグラフにするとどうなるかを考えられるようにしよう。
観察・実験方法，登場人物の会話(やりとり)を読むのに時間がかかるので，時間の使い方に注意しよう。
「長い文章」や図表からポイントを読みとれるように問題をよく練習しておこう。